AF314672

VOYAGE AGRICOLE

DANS

L'INTÉRIEUR DE LA FRANCE.

OUVRAGES DU MÊME AUTEUR

QUI SE TROUVENT A LA LIBRAIRIE DE MADAME VEUVE BOUCHARD-HUZARD,

rue de l'Éperon, n° 5.

Voyage agricole en Belgique et dans plusieurs départements de la France. 1849, 1 vol. in-8.   3 fr. 50 c.

Second voyage agricole en Belgique, en **Hollande**, en **Espagne** et dans plusieurs départements de la France. 1850, in-8.   5 fr.

Notes extraites d'un voyage agricole dans l'ouest, le sud-ouest, le midi et le centre de la France. 1851, in-8.   1 fr. 50 c.

Promenades agricoles dans **le centre de la France.** 1853, in-8.   1 fr. 50 c.

Relation d'une excursion agronomique en Angleterre et en Écosse. 1841, in-8°.

Journal d'un second voyage en Angleterre. 1849, in-8.

Troisième voyage en Angleterre. 1855, in-8.   5 fr.

Itinéraire en Angleterre. 1854, in-8.   1 fr.

Notes extraites de divers journaux anglais. 1853, in-8.   1 fr. 50 c.

Voyage agricole en France, en Allemagne, en Hongrie, en Bohême et Belgique. 1853, in-12.   3 f. 50 c.

Annales de l'agriculture française ou Recueil encyclopédique d'agriculture, publié sous la direction de M. LONDET, de l'ancien institut agronomique de Versailles, professeur d'économie rurale à l'école impériale d'agriculture de Grand-Jouan, rédacteur en chef, et de *L. Bouchard*, gérant. Paraissant deux fois par mois, le 15 et le 30, par cahier de 50 à 60 pages in-8 avec planches, qui forment 2 gros volumes par année.

VOYAGE AGRICOLE

DANS

L'INTÉRIEUR DE LA FRANCE,

PAR

M. LE COMTE CONRAD DE GOURCY.

EXTRAIT DES ANNALES DE L'AGRICULTURE FRANÇAISE. — 1855.

PARIS,

IMPRIMERIE ET LIBRAIRIE D'AGRICULTURE ET D'HORTICULTURE

DE Mme Ve BOUCHARD-HUZARD,

RUE DE L'ÉPERON, 5;

ET CHEZ DUSACQ, LIBRAIRIE AGRICOLE,

RUE JACOB, 26.

1855

VOYAGE AGRICOLE

L'INTÉRIEUR DE LA FRANCE

en 1852.

C'est le **10** juin que j'ai commencé mon excursion par le chemin de fer de Strasbourg. J'ai trouvé le foin excessivement rare dans les prés de la vallée de la Marne ; aussi en défriche-t-on beaucoup : on obtient ainsi de bonnes terres, bien plus productives que lorsqu'elles étaient en mauvaises prairies. J'ai eu souvent l'occasion de remarquer sur deux terres absolument pareilles, et près l'une de l'autre, deux récoltes de Froment, l'une très-belle et l'autre fort médiocre ; ce qui prouve qu'il y a encore beaucoup de mauvais cultivateurs. J'ai vu fort peu de Colzas dans cette contrée, encore n'étaient-ils pas beaux.

Les champs que j'ai traversés en deçà et au delà de Vitry, en suivant la route de Saint-Dizier, portaient de magnifiques récoltes de céréales ; j'y ai aussi remarqué beaucoup de prairies artificielles : elles y sont bien plus nombreuses que dans les parties que je venais de parcourir. A mesure que l'on se rapproche de Saint-Dizier, on trouve les terrains moins fertiles ; c'est que le sous-sol, formé de grève calcaire, se rapproche trop de la surface. Malgré cette disposition peu favorable de la couche arable, une grande partie de ces terres est labourée en planches fortement bombées ; on en agit ainsi afin d'éviter le séjour des eaux, qui pénètrent difficilement la grève perméable à cause d'une couche d'argile dont elle est recouverte.

Dans les terrains où cette couche n'excède pas 0^m,50 d'épaisseur, on peut obvier à l'excès d'humidité en donnant un trait de charrue à $0^m,22$ de profondeur et faisant suivre immédiatement par une charrue à sous-sol qui pénétrerait encore de $0^m,28$. Cela suffirait pour rendre au sol sa perméabilité, souvent détruite par le piétinement des chevaux et le frottement du sep de la charrue formant un plancher qui, n'eût-il que $0^m,5$ à $0^m,6$ d'épaisseur, s'oppose à l'infiltration des eaux et entretient l'humidité dans la couche végétale, ce qui finit par la rendre acide et froide.

Quant aux terres fortes de ce pays dont la grève est recouverte d'une couche imperméable trop épaisse, il conviendrait de les drainer; par cette opération, l'on parviendrait à supprimer peu à peu ces planches à dos très-bombé, dont les deux tiers seulement sont garantis de l'humidité, tandis que l'autre tiers formant la jonction des planches reste submergé pendant le temps des pluies, et ne produit, tout au plus, que de mauvaises herbes propres à infester les cultures. C'est par suite du même inconvénient que les terres environnant Éclaron, terres généralement fortes et naturellement fertiles, ne présentent pas de belles récoltes; toutefois la présence de l'humidité n'en est pas la seule cause, la manière dont on laboure y contribue aussi. La plupart des cultivateurs emploient encore l'ancienne charrue à six chevaux, dont le défaut est de prendre des tranches beaucoup trop larges. Dans les pays cultivés avec intelligence, plus les terrains sont forts, moins on prend de terre à chaque tour de charrue. Il y a, au bourg d'Éclaron, un maréchal nommé Leglaive qui fait d'excellentes charrues; il est fâcheux que le travail de forge qu'elles exigent en élève le prix à 60 francs sans l'avant-train, ce qui empêche qu'on ne les adopte généralement.

En retournant à Vitry par une autre route, j'ai traversé des terres extrêmement fertiles auxquelles l'humidité fait aussi le plus grand mal : elles sont disposées en planches fortement bombées de 10 à 12 mètres de largeur. Beaucoup sont séparées par de larges fossés, restant souvent pleins d'eau faute d'écoulement; de sorte que la partie basse de ces planches, se trouvant noyée, ne donne que de misérable Froment, tandis que celui qui vient au milieu est sujet à verser. Assurément l'introduction du drainage rendrait d'immenses services dans cette contrée ; mais il est à craindre qu'on ne puisse pas l'y pratiquer de sitôt, tant à cause de l'insouciance des propriétaires pour tout ce qui regarde la culture que par l'ignorance ou la gêne de leurs fermiers. Le morcellement de la propriété opposerait encore, dans beaucoup de ces localités, un obstacle souvent insurmontable à l'établissement du drainage.

Il n'en est pas de même de l'autre côté de la Marne, où le sol change tout à coup de nature. Là il est parfaitement exempt d'humidité surabondante, parce que son sous-sol de grève calcaire n'est le plus souvent qu'à une profondeur de $0^m,16$ à $0^m,33$; la couche superficielle dont il est recouvert se compose de terre assez légère et généralement fertile. La culture y est bien meilleure que du côté d'Éclaron ; elle abonde en Sainfoins et Luzernes d'un grand rapport. Les récoltes y sont belles partout où la couche végétale atteint $0^m,33$ d'épaisseur. On y voit encore bien des pièces de terre mal fumées ; mais, à mesure que l'on approche de la ville, on trouve une fumure plus abondante, et conséquemment des récoltes d'un plus bel aspect.

Je suis reparti de Paris le 23 juin pour Étampes. Dans cette direction, les récoltes en céréales m'ont paru fort belles ; mais il n'en est pas de même des prés, qui se trouvaient généralement peu garnis d'herbe. Les Luzernes, n'ayant pas été fauchées à cause des pluies, se trouvaient remplies de Bromes et autres mauvaises herbes dont les graines, arrivées à maturité, commençaient à se ressemer à profusion.

Les récoltes présentaient une assez belle apparence entre Étampes et Orléans ; elles étaient moins bonnes entre cette dernière ville et celle de Mer. Quant à celles de la vallée de la Loire, elles étaient magnifiques. Ce qui m'étonne toujours, c'est de voir les terres de la Sologne bordant la vallée couvertes de fort belles récoltes en Froment, Seigle, Orge et

Avoine, Trèfle ordinaire, Trèfle incarnat et Vesces. On doit
ce bon résultat aux marnages et aux abondantes fumures que
les vignerons des bords de la Loire n'épargnent pas. Leur intelligence, leur activité, et surtout l'aisance dont ils jouissent,
leur permettent d'améliorer peu à peu ces terres naturellement mauvaises, mais susceptibles d'amélioration quand on
leur donne les soins que réclame leur nature.

En passant près du château de Bois-Morand, j'ai suivi, dans
le sens de sa longueur, un champ d'une vaste étendue couvert d'un Froment comparable aux plus beaux de ceux que
je venais d'observer dans la partie de la Beauce dont je sor-
tais; ce champ, m'a-t-on dit, avait été ensemencé par un fermier à qui le propriétaire avait fait marner une partie de ses
terres moyennant un intérêt d'amortissement plus facile à
rembourser que le montant du capital de la dépense. C'est un
bon exemple à imiter pour les propriétaires qui auraient les
moyens de le suivre lorsque le manque de fonds ou la briè-
veté des baux empêche leurs fermiers de faire eux-mêmes les
marnages. Près de ce magnifique champ de Froment j'en vis
un autre, également très-étendu, couvert d'un Trèfle peu
élevé comme ceux que j'avais rencontrés sur mon parcours,
mais il était beaucoup plus épais; il aura dû rendre une quantité considérable d'excellent fourrage. C'est pourtant une mauvaise terre sablonneuse à sous-sol argileux qui n'avait pu produire que de pauvres récoltes en Seigle et Sarrasin avant d'a-
voir été bien marnée et passablement fumée. Remarquons,
en passant, qu'il existe en France une immense quantité de
terres de ce genre qui n'attendent que de la marne pour devenir productives. Lorsque la marne ne se trouve pas à proximité, on peut la remplacer par la chaux, dont 10 mètres cubes
par hectare peuvent produire l'effet de 50 à 100 mètres cubes
de marne, suivant la qualité de ce dernier amendement; ce
qui permet de la faire venir de cinq ou dix fois plus loin.

M. de Bois-Morand, à qui sont dues les principales améliorations que je viens de signaler, défriche aussi beaucoup de
Bruyères; il les marne, et les remet ensuite à son fermier en

lui reprenant ses vieilles et mauvaises terres, qu'il couvre de
semis de Chênes et de Pins. Ces jeunes plantations poussent
avec une grande vigueur, et contribuent singulièrement à
embellir les environs de son habitation.

Je ne saurais trop insister sur l'avantage que trouveraient
beaucoup de grands propriétaires à imiter M. de Bois-Morand.
En supposant que les capitaux leur manquent pour effectuer
ces défrichements et subvenir aux marnages ou chaulages, ils
feraient encore un bon calcul en vendant une partie de leur
propriété d'un faible rapport pour améliorer l'autre et en élever le revenu. Du reste, à l'aide de l'institution de crédit fon-
cier nouvellement créée, ils trouveraient, à 5 pour 100,
amortissement compris, les fonds nécessaires pour défrichements, drainage, achats d'amendements et d'engrais, ce qui
leur rendrait, assurément, en bénéfice, plus de 5 pour 100
du capital bien employé.

Je ne tardai pas à me rendre à la Blondellerie, chez
M. Gustave Salvat, jeune et excellent cultivateur dont la propriété, bien que située en pleine Sologne, derrière le parc
de Chambord, m'a offert, comme d'habitude, le spectacle de
la bonne culture et de belles récoltes en Froments, Avoines,
Vesces, Trèfles et produits de toute sorte. Toutefois ses prairies font exception, quoique cependant bien supérieures à
celles que j'ai eu l'occasion d'observer sur ma route depuis
mon départ de Paris et sur les bords de la Marne.

Ses Froments avaient été semés sur 12 hectares de terre
autrefois en Bruyère et défrichée par écobuage il y a douze
ans ; depuis ce temps, ce terrain avait reçu 48 mètres cubes
de marne et quatre fumures, dont la dernière se composait
de 40,000 kilogrammes de fumier préparé avec de la Bruyère
et du petit Ajonc ayant servi, pendant un mois, de litière à
son magnifique bétail. Ce fumier avait été, au sortir de l'étable, conduit sur le champ, épandu et enterré. Le Froment
que j'ai vu sur cette partie avait alors plus de 1^m,80 de hauteur ; les épis fort longs se touchaient. Il était au moins aussi
beau que ce que j'avais vu de mieux en ce genre cette année.

Son Avoine d'hiver était presque aussi belle que ses Froments, et comme eux exempte de mauvaises herbes.

Les particularités relatives à l'étable de M. Gustave Salvat
ne présentent pas moins d'intérêt que le détail de ses cultures. Elles renferment vingt mères vaches et ne reçoivent
plus que des sujets provenant de croisements durhams, pour
la plupart trois quarts sang. Il s'y trouve aussi deux très-
beaux taureaux, dont l'un, de deux ans, vient d'être primé
au concours de Versailles, et l'autre, qui prend trois ans, est
à vendre moyennant 600 francs ; en outre, trois vaches durhams, dont la plus âgée, venant de vêler, donne de 18 à
20 litres de lait. Il est à remarquer qu'ici les vaches croisées
n'en donnent, d'ordinaire, que 15 litres, à moins qu'elles
n'aient aussi du sang hollandais. M. Salvat possède, de plus,
un certain nombre d'élèves de pure race durham. Il a vendu,
entre autres, à des prix que je n'ai pas retenus, un taureau
et deux génisses trois quarts sang durham à M. de Beauchêne,
cultivateur, près de Châtellerault ; et récemment, au prix de
100 francs, un veau mâle de pareil croisement. Malheureusement il ne trouve pas toujours à vendre ses élèves à un
prix équitable. Cela est fâcheux pour l'amélioration si désirable de la race : on regrette de voir un cultivateur, aussi
dévoué au progrès, dans la nécessité de vendre à la boucherie, au prix de 30 francs, des veaux croisés dont la conservation pourrait rendre de véritables services à l'agriculture.
Aussi je crois faire une chose utile en livrant à la publicité
toutes ces circonstances. M. Salvat m'a fait connaître qu'il
désirerait trouver quelqu'un qui lui achetât tous ses veaux,
excepté ceux de pur sang, au prix fixe de 50 francs pour les
veaux d'un mois et 60 francs pour ceux de deux mois. C'est
par la lecture de mes voyages agricoles que M. de Beauchêne
a appris que MM. Salvat frères vendaient des durhams, et il
vient encore de leur demander un jeune taureau et deux génisses de cette race.

La bergerie de M. Gustave Salvat compte trois cents bêtes
à laine, et il vient d'acheter à Alfort deux béliers southdowns

qui lui reviennent à 500 francs rendus chez lui. C'est pour remplacer un bélier de cette race qui lui a singulièrement amélioré son troupeau, commencé avec des brebis solognotes.

Dans un petit pâtureau anciennement défriché se trouve une pièce de Chanvre qui ne le cède en rien aux plus belles que j'ai vues dans la vallée de la Loire. M. Salvat donne aussi des soins particuliers à ses cultures de racines et autres produits destinés à assurer une nourriture saine et abondante pour son nombreux bétail. On était occupé à repiquer, sur une grande étendue, du plant de Choux et de Betteraves ; les Carottes étaient déjà fort belles, et une grande étendue de terrain se trouvait emblavée d'un mélange de Sarrasin, Avoine et Spergule. Je lui fis observer que des Colzas viendraient très-bien dans des terres aussi bien fumées et cultivées, et lui donneraient de belles et profitables récoltes. Il me répondit qu'il se proposait d'en faire à l'automne, et qu'au printemps prochain il ferait du Maïs, pour être donné en vert à l'époque de sécheresse où ces sortes de fourrages viennent à manquer. Attentif à tout ce qui peut contribuer aux améliorations de son exploitation, il attend avec impatience le moment où il pourra faire fabriquer, assez près de chez lui, des tuyaux en terre cuite pour drainer ses terres les plus sujettes à l'humidité, suite de la pourriture des fagots d'Aune qui avaient servi, il y a une douzaine d'années, à former les rigoles d'écoulement avec lesquelles on avait assaini ces terrains humides. Il se loue beaucoup de l'emploi qu'il fait du guano ; il en a encore, cette année, acheté 10,000 kilogrammes à la maison Maes, de Nantes.

Après m'avoir fait les honneurs de son exploitation avec tant d'obligeance, M. Salvat m'a conduit chez M. Caillard, possesseur d'une terre d'environ 1,000 hectares, à 2 lieues de Beaugency, sur la rive gauche de la Loire, toujours en Sologne. Il s'y trouve de fort beaux bois dont le propriétaire augmente, chaque année, l'étendue, son intention étant de ne réserver que 350 hectares pour la culture. Dans cette partie réservée se trouvaient 150 hectares de Bruyères dont la moitié a été déjà défrichée au moyen de l'écobuage ; elle est maintenant convertie en terre de labour donnant de fort beau Seigle. Ce mode de défrichement est moitié plus coûteux que celui qui se fait à la charrue, en employant le noir animal comme engrais. J'ai remis à M. Vignat, directeur de cette culture, et associé de M. Caillard, la brochure de M. Chambardel, qui pourra le guider dans l'essai comparatif des deux méthodes.

Je ne crois pas inutile d'entrer ici dans quelques détails sur les bases et les conditions de l'association existant depuis trois ans entre M. Caillard et M. Vignat.

Ce jeune agriculteur, après avoir passé une année à Grignon et une autre chez M. Yver, près Vierzon, pour y compléter son instruction agricole, a conclu l'arrangement suivant : M. Caillard fournit les deux tiers du capital et la ferme sans fermage ; M. Vignat apporte un tiers du capital, ses connaissances agronomiques et les soins qu'il donne à l'exploitation ; de plus, il vit à ses dépens. Il ne devra pourtant recevoir qu'un tiers du produit net, lorsque après d'immenses travaux d'amélioration ce produit sera réalisé. Le marché du jeune directeur me paraît peu avantageux pour lui : s'il ne fournissait pas de capital et qu'il fût nourri, la chose pourrait aller ; mais il ne reçoit pour toute indemnité que 2,900 francs par an, que représente la concession de fermages faite par M. Caillard, estimée fort cher selon moi, à 25 francs l'hectare, dans l'état actuel des terres ; cela pour l'indemniser de l'intérêt de son capital (qui enfin court des risques), de ses frais personnels, de son savoir-faire et d'un travail extrêmement fatigant, car les 350 hectares à cultiver sont pris sur cinq fermes assez éloignées les unes des autres. J'ai vu ses Froments ; ils m'ont paru plus beaux même que ceux des environs de Meaux, dont les terres sont considérées comme les meilleures de France. Toutefois il faut remarquer que ces sables de Sologne ont été défoncés au moyen de deux charrues se suivant dans le même sillon ; 80 à 100 mètres cubes d'excellente marne y ont été mélangés, et autant d'un excellent fumier composé du fumier des vaches laitières bien nourries à l'étable mêlé à celui des écuries, bergeries et porcheries. Le terrain ainsi préparé a reçu des Pommes de terre, des Betteraves ou de la Vesce, et c'est sur cette première récolte que l'on a fait le Froment dont je viens de parler. Il n'y en a que 25 hectares, M. Vignat s'étant fait une règle de n'ensemencer les terres en céréales qu'après les avoir améliorées comme il vient d'être dit. Il n'a point encore fait usage du guano, mais il est décidé à employer cet engrais par l'exemple de M. Salvat et l'éloge qu'en fait le maître valet de ce cultivateur. Rien de plus beau que ses récoltes d'Orge, d'Avoine, surtout celle d'hiver, de Vesces et de Gesses. Les Pommes de terre, les Betteraves et 8 hectares de Maïs-fourrage, le tout planté en lignes, étaient parfaitement sarclés.

Nous sommes allés dans les étables, qui renferment plus de soixante-dix vaches laitières, cinq taureaux et quelques génisses provenant des meilleures vaches. Un de ces taureaux est hollandais, deux sont du Cotentin et les deux autres sont flamands. Les vaches sont de ces divers pays; néanmoins le plus grand nombre est du Cotentin, et quelques-unes ont été choisies parmi des solognotes.

M. Vignat m'a dit que les meilleures de ses vaches, lorsqu'elles avaient récemment vêlé, donnaient de 26 à 28 litres de lait; c'est une hollandaise qui fournit ce dernier chiffre. D'après des expériences faites avec le plus grand soin, il s'est décidé à faire traire trois fois par jour; il est convaincu que mieux il nourrit ses vaches, mieux elles se portent et plus elles ont de lait; il tient beaucoup à les voir en chair et plutôt grasses que maigres.

J'assistai, dans la cour de la vacherie, à la préparation des rations alimentaires; une grande chaudière fut remplie de Luzerne coupée au hache-paille, avec de l'eau en quantité suffisante, fermée hermétiquement, et après une cuisson convenable, la Luzerne fut distribuée dans des caveaux contenant la ration d'une vache. On ajouta à chacun deux jointées de

recoupettes. En hiver, ce sont des racines que l'on fait cuire
et que l'on jette avec le jus bouillant sur le fourrage haché.
Les racines cuites ne communiquent pas de mauvais goût au
lait. Il y a quelque temps, M. Vignat faisait distribuer aux
vaches une plus forte ration de nourriture, et alors la moyenne
des trois traites était de 10 à 11 litres de lait par vache ; depuis, M. Caillard ayant désiré que l'on diminuât la ration de
nourriture, le produit en lait est descendu à 7 ou 8 litres.
Quant aux taureaux, ils m'ont paru bien médiocres, en com-
paraison des taureaux durhams que je venais d'admirer chez
M. Salvat.

M. Vignat a fait fonctionner devant nous, attelée d'un seul
cheval très-vigoureux, une fort bonne charrue qu'il venait de
faire construire ; elle versait, sous un angle de 45 degrés, une
tranchée large et profonde dans un sol à la vérité fort léger : le
seul défaut de ce labour, c'était de laisser paraître à la surface
une partie de l'herbe qui aurait dû être complétement recouverte. Une autre charrue, exactement construite dans les
mêmes conditions, mais à laquelle on avait adapté un avant-
train, exigeait l'attelage de deux chevaux pour faire le même
travail ; c'est cette charrue que M. Vignat substituera désormais à la charrue beauceronne, dont il faisait précédemment
usage. Ce cultivateur est d'avis que l'on ne doit jamais employer
qu'une seule espèce de charrue pour tous les terrains, sans dis-
tinction, même pour opérer des défrichements pleins de racines ; je ne saurais partager sa manière de voir sur ce point.
Sans admettre comme beaucoup de cultivateurs que chaque nature de sol exige une charrue particulière, je pense qu'avec une
bonne charrue propre aux terres qui ne sont ni pierreuses,
ni fortes, ni collantes, et une autre tout à fait appropriée aux
terrains argileux, pierreux ou présentant une forte résistance,
l'on pourrait opérer tous les labours, dans les meilleures
conditions, avec le moins possible d'efforts de traction.

Les Flamands et les Écossais, que je considère comme les
meilleurs cultivateurs, les premiers en petite culture et les
seconds pour la grande, ont, selon moi, les meilleures char-

rues ; et, si je redevenais cultivateur, je n'en emploierais pas
d'autres que celle d'Odeurs, maréchal, à Marline, près Saint-
Trond, en Belgique, et celle de John Johnston, fabricant
d'instruments d'agriculture, à Hazlehead, près d'Aberdeen,
en Écosse.

Le soc de cette dernière est pointu et étroit, ce qui lui permet de pénétrer plus facilement dans les terres dures et
d'écarter à droite et à gauche de sa pointe les pierres y faisant
obstacle, ce que ne fait pas un soc large, qui prend souvent
les pierres en travers, les pousse devant lui et ajoute ainsi
énormément à la résistance.

Le versoir de cette charrue est convexe au lieu d'être con-
cave, ce qui empêche les terres argileuses de se coller à sa
surface. Cette charrue est, sans contredit, celle avec laquelle
on se tirera le mieux d'affaire dans les sols difficiles à labourer ;
mais, dans les terres ordinaires, elle ne fonctionnera ni aussi
bien, ni aussi facilement que celle d'Odeurs. Le modèle de
ces deux charrues est au Conservatoire des arts et métiers.
La charrue d'Odeurs se fabrique chez le sieur Morel, mécanicien, à Lens (Pas-de-Calais), et à la Pique, près Nevers, où
M. Lupin a envoyé la sienne pour qu'on en prenne copie.

Les Flamands et les Écossais ne font usage que de charrues
sans avant-train, évidemment moins chères, et ils trouvent
qu'elles exigent moins d'effort de traction. Les Anglais, au
contraire, sont persuadés qu'une charrue à deux roues emploie moins de force de trait que la même charrue avec une
seule roue, et que celle-ci en exige moins que si elle était absolument sans avant-train.

Quant à moi, je préfère les charrues belges et les écossaises
sans avant-train, dont je me suis servi pendant quinze ans.
Je regarde, d'ailleurs, les Flamands et les Écossais comme su-
périeurs aux Anglais en fait d'agriculture, et leur manière
de voir m'inspire plus de confiance. Toutefois je reconnais
qu'il faut être plus habile pour bien labourer avec une charrue sans roues qu'avec une charrue à avant-train.

Les charrues anglaises, en vogue depuis quelques années,

ont le grave défaut d'employer beaucoup de force de traction; leur versoir, excessivement long et très-courbé, serre la tranche de terre contre le sol à un tel point, que, une fois renversée, on la trouve excessivement dure et ne cédant pas sous le pied. C'est une observation que j'ai faite aux différents concours des environs de Londres auxquels j'ai assisté en 1851, où les tranches de terre levées par ces sortes de charrues étaient polies et noircies par le versoir en fonte, usé par suite du frottement considérable qui doit nécessairement absorber une portion de la force utile.

Les Américains se servent aussi de charrues sans avant-train ; j'en ai vu d'excellentes au palais de cristal de Londres et en France ; il est à regretter qu'on ne les fasse pas connaître davantage, en les soumettant à des épreuves comparatives avec les charrues perfectionnées des autres pays ; sans cela, leurs modèles, relégués au Conservatoire des arts et métiers, ne seront ni copiés ni essayés, et resteront ainsi sans utilité.

Nous vîmes aux Bordes, c'est le nom de la propriété de M. Caillard, de charmants cottages entourés de délicieux jardins, dont un a été créé par M. Eugène Sue. En retournant à la Blondellerie, nous pûmes apercevoir une partie des magnifiques récoltes venues sur des Bruyères défrichées au moyen de 50 hectolitres de cendres lessivées par M. Ménard, et surtout un vaste et superbe champ de Froment qui avait porté précédemment une belle récolte de Colza. Une nombreuse troupe de sarcleurs des deux sexes étaient occupés à nettoyer une grande étendue plantée en racines de diverses sortes. Mais ce que je vis avec regret, c'est un beau et nombreux troupeau de vaches paissant sur un champ assez dépourvu d'herbe. Je pense que M. Ménard eût mieux fait de laisser ses vaches à l'étable et de les y nourrir de paille hachée, arrosée d'un bouillon fait avec du tourteau et de la farine d'Orge ou de Sarrasin. Ces animaux ne faisaient que gagner de l'appétit à se promener sur ce champ; on perdait ainsi leur fumier.

Le 25 juin, en me rendant au château de Nozieu, chez

M. Adolphe Salvat, j'ai traversé plusieurs communes de la rive gauche de la Loire, dont les habitants cultivent la Vigne et font beaucoup de Chanvre dans la vallée : ils savent obtenir d'abondantes récoltes des mauvaises terres de la Sologne. M. Salvat m'a assuré qu'il régnait une très-grande aisance dans ces villages, ce dont on ne se douterait guère en les traversant ; plusieurs familles, dit-il, possèdent de **30,000** à **100,000 fr.** de fortune, sans avoir d'autre régime de vie que celui de simples journaliers. Les meilleures terres de cette contrée se vendent en détail jusqu'à **7** et même **8,000 fr.** l'hectare et sont louées **200 fr.**

M. Adolphe Salvat a des Froments d'une épaisseur, d'une égalité et d'une beauté qu'on ne peut se lasser d'admirer. Ses Chanvres, d'une végétation admirable à cette époque, promettaient d'atteindre une grande hauteur. De vigoureux jeunes gens sarclaient, en ce moment, des Pommes de terre plantées après un Trèfle incarnat. Cette première culture avait singulièrement favorisé la croissance du Chiendent : mais les sarcleurs l'enlevaient facilement à l'aide d'une fourche à trois dents enmanchée à la manière des pioches. C'est un excellent outil que l'on devrait avoir dans toutes les fermes.

M. Salvat possède un superbe taureau de cinquante-quatre mois, rond comme une tonne, pesant **1,200** kilog. et, malgré cela, encore très-propre à *faire le saut :* celui qui doit le remplacer n'a encore que quinze mois; il est grand pour cet âge, fort beau, et n'a encore sailli que quelques génisses. Deux autres taureaux blancs, dont un âgé de deux ans et l'autre de quarante-quatre mois, ont été castrés; M. Salvat les destinait au concours de Poissy avec une très-grande vache demi-sang durham et cholet qui, d'après son aperçu, devait arriver au poids de **500** kilogr. en viande nette. Il espérait aussi vendre, au prix de **250 fr.** l'un, trois jeunes taureaux durhams pur sang, quand ils auraient atteint l'âge de trois mois. En résumé, les vaches et les élèves composant l'étable de M. Salvat sont d'une grande beauté. Comme il

trouve trop rarement à se défaire de ses jeunes durhams pour
en faire des reproducteurs, cet éleveur a le projet de restrein-
dre le nombre de ses vaches durhams de pure race pour élever des animaux croisés qu'il destinerait à la boucherie. Il
vend ses génisses trois quarts sang, à trois ou quatre mois,
de 150 à 200 fr. Trop peu de cultivateurs comprennent tout
l'avantage qu'ils tireraient de la possession d'un taureau durham pur sang ou seulement trois quarts sang. S'ils désiraient
perfectionner leurs vaches laitières, ils en choisiraient un
portant un bel écusson, et, si leur spéculation portait sur les
élèves destinés à la boucherie, ils choisiraient dans cette race
le taureau ayant les plus belles formes ; ce qui serait encore,
pour eux, d'un grand avantage, s'ils étaient dans l'intention
de faire travailler leurs jeunes bœufs avant que de les mettre à
l'engrais; ils en obtiendraient encore, dans ce dernier cas, de
fort bons services, car, malgré tout ce que l'on a pu dire contre l'emploi des bœufs durhams croisés comme travailleurs,
je puis affirmer avoir vu, en Belgique, sur de grandes cultures, de nombreuses charrues attelées de deux jeunes bœufs
demi-sang durham, labourant profondément des terres assez
fortes aussi vite que les charrues attelées de chevaux travaillant dans le même champ.

Les cultivateurs américains se montrent bien plus éclairés
sous ce rapport; ils viennent chercher en Angleterre une
quantité très-considérable de taureaux et de génisses durhams,
de béliers et de brebis dishleys, southdowns et cotswolds,
et enfin de verrats et truies essex napolitains ou des yorkshires)
(ces derniers sont plus connus en France sous le nom de lei-
cesters). Ils payent ces animaux des prix excessifs augmentés
encore de beaucoup par les frais de voyage, transport, assurances maritimes, et enfin par les fréquentes pertes d'animaux
qu'ont à supporter les importateurs. Ce sont des Américains
commerçant sur le bétail qui, en 1840, avaient offert à
M. Bates, le plus renommé des éleveurs de Durham, 30,000 f.
de son magnifique taureau, *le Duc de Northumberland*.

Cette courte digression nous a un peu écarté de l'examen

des cultures et des opérations de M. Salvat : elles offrent assez d'intérêt pour que j'en dise encore quelques mots.

Cet habile cultivateur venait de faire la demande du semoir à grain inventé par le sieur Robillard, mécanicien, à
Arras, dont la simplicité et le bon marché (250 fr.) nous
avaient frappé, en mai 1852, au concours de l'institut de Versailles. Il emploie beaucoup de guano qui fait merveille; il m'a
montré un très-beau champ d'Avoine fumé avec 300 kilog.
de guano par hectare. La luzerne semée parmi cette Avoine,
quoique celle-ci soit très-serrée, dépassait $0^m,30$ de hauteur. Il emploie 600 kilog. de guano par hectare pour ses
Chanvres, et les vignerons qui en cultivent à moitié avec lui
ne font aucune difficulté de payer leur part de cet engrais qui
est de 90 fr. pour chacun d'eux, attendu que, s'ils étaient
obligés d'acheter des fumiers ordinaires, en quantité nécessaire pour arriver à d'aussi belles récoltes de Chanvre, leur
dépense dépasserait de beaucoup cette somme. Bien des
petits cultivateurs, entraînés par l'exemple, prient M. Salvat
de leur céder du guano.

En revenant d'Orléans, je me suis trouvé placé dans le
même waggon que l'un de MM. Gillet de Meung, propriétaires
de deux fermes en Sologne, dans lesquelles se trouvait une
grande étendue de Bruyères que ces messieurs ont défrichées
avec succès; j'avais déjà remarqué sur ces terres, il y a deux
ans, des Froments d'une grande beauté. Ils ont aussi d'excellentes récoltes de Trèfle incarnat. Le même soir, j'arrivais au
château de Chenailles appartenant à M. Bobé. Ce propriétaire
cultive, depuis plus de vingt-cinq ans, 500 hectares environ
de Bruyères défrichées par lui et que j'ai toujours trouvées
couvertes de fort belles récoltes toutes les fois que je suis
allé le voir. Son troupeau de mérinos, qui s'élève, en ce moment, à plus de 2,000 têtes, est fort beau; 1,500 bêtes seulement sont hivernées, les agneaux mâles et les brebis de réforme étant vendus en automne. Le troupeau de M. Bobé
était de plus petite taille, il y a quelques années, parce
qu'il lui avait donné des béliers de Naz; mais, depuis qu'il

y a mis des béliers achetés à Rambouillet, les produits ont gagné de la taille, et les toisons, étant encore assez fines et pas trop chargées de suint, se vendent, ordinairement, de 40 à 50 centimes plus cher, par kilogr., que les laines de Beauce

M. Bobé ne cultive qu'une variété d'Avoine noire qui lui rend souvent 50 hectolitres à l'hectare ; il la sème après un Trèfle plâtré. Son poids ordinaire est de 50 kilogr. l'hectolitre : aussi en vend-il la majeure partie comme semence : on la lui a payée, ce printemps, 10 fr. l'hectol. Il m'a fait déjà remarquer plusieurs fois que, si le plâtre ne produit aucun effet sensible sur les Trèfles semés dans ces terres froides et à sous-sol imperméable, son action ne s'en fait pas moins sentir sur la végétation des Avoines semées après un Trèfle plâtré, où elles viennent plus fortes et plus vertes qu'après un Trèfle non plâtré ; ce qui ferait supposer que le plâtre répandu, une année d'avance, sur une terre destinée à recevoir une céréale produira sur cette emblavure un bon effet qui n'aurait pas lieu, comme on le reconnaît généralement, s'il était répandu directement sur la céréale. J'ai fait, il y a bien des années, la remarque que du Froment venu après un Trèfle plâtré était devenu bien plus beau que le même Froment semé sur une partie du même champ qui n'avait pas été plâtrée, parce qu'elle était beaucoup plus fertile, à tel point que le Trèfle avait versé.

Une couple d'hectares ensemencés en Froment du Ménil-Saint-Firmin ont aussi donné à M. Bobé un très-grand produit, en exceptant, toutefois, ce qui a poussé sur quelques parties de ce terrain d'une qualité bien inférieure. Du Froment blanc de Saumur, semé tout à côté, n'a pas souffert de même de la mauvaise qualité de certaines parties de cette terre. M. Bobé cultive aussi un peu de Froment de Saumur, variété rouge, qui est plus hâtive que la blanche, et d'autant plus convenable, pour faire du Méteil, qu'elle mûrit presque en même temps que le Seigle. Il compte récolter en moyenne 25 hectol. de Froment à l'hectare, comme cela lui est arrivé l'année dernière ; beaucoup de ces champs en donneront

même plus de **30**. Cela est d'autant plus remarquable , que
ses terres étaient, il y a une vingtaine d'années, en tout semblables à celles de la pauvre Sologne ; pourtant la meilleure
partie de sa grande propriété , celle où les récoltes sont si
belles, n'a que de $0^m,25$ à $0^m,33$ de terre végétale reposant sur
un sous-sol formé de $1^m,66$ de gros sable lié par une argile
ferrugineuse très-visqueuse qui rend ce terrain très-imper-
méable. Aussi **M. Bobé** a-t-il l'intention de faire un essai du
drainage. Il eut, tandis que je me trouvais chez lui, la visite
de deux membres zélés du comice agricole d'Orléans,
MM. Perrot et **de Saint-Ouen** en compagnie de M. Lacroy,
ingénieur des travaux d'amélioration de la Sologne. Celui-ci
a visité avec intérêt les assainissements complets et les drainages en grand entrepris et toujours continués par MM. Lupin et de Rouget, le premier dans sa terre de Loroy, à **7** lieues
de Bourges, route de Gien, et l'autre aux Charnelles, à **4** lieues
de Château-Thierry. M. Lacroy a proposé aux propriétaires
du département du Loiret qui seraient dans l'intention d'entreprendre des drainages de les aider de ses conseils. Ces
messieurs nous ont dit, à ce sujet, que le comice d'Orléans venait d'acheter une machine à fabriquer des tuyaux de drainage établie par le sieur Julien, mécanicien, à Henrichemont
(Cher), qui, depuis quelques années, avait construit un certain nombre de machines de **Whitehead** au prix de **800** fr.,
y compris trois moules. Ils ont ajouté que M. de Beauregard,
propriétaire aux environs d'Orléans, possédait aussi une machine à fabriquer des tuyaux ; qu'elle fonctionnait près de
cette ville, où l'on vendait ces tuyaux, du diamètre de $0^m,03$,
16 fr. le mille. M. de Saint-Ouen va faire drainer quelques
hectares dans une ferme qu'il a louée pour quinze ans, et il
a proposé à son fermier, dans le cas où celui-ci, après quelques années d'épreuve, désirerait l'extension du drainage,
de lui en faire à raison de **4** pour **100** du capital employé à
cette amélioration.

Il n'est point de difficultés qui puissent résister à l'intelligence et au travail de l'homme persévérant ; les travaux de

M. Bobé m'en ont offert plus d'une preuve. Il crée des luzernières dans les terres siliceuses et pierreuses, par conséquent
trop perméables et brûlantes, avec le même succès que dans
celles qui n'offrent qu'environ 0^m,30 de terre végétale sur le
sous-sol compacte dont j'ai parlé plus haut. C'est ce dont
j'ai pu me convaincre, un ouvrier ayant fait auprès de ces
luzernières plusieurs trous de 5 pieds de profondeur. Ce
sous-sol était si dur, que l'ouvrier ne pouvait y faire pénétrer la bêche, et le pic n'y formait que de très-petits trous.
Je n'aurais jamais pensé que de la Luzerne pût prospérer
sur un pareil fonds. Il paraît qu'elle n'y dure que trois ou
quatre ans ; mais M. Bobé est convaincu qu'elles y dureront
davantage avec la nouvelle préparation qu'il donne à cette
culture. Voici en quoi elle consiste : il commence par renouveler le marnage, à raison de 40 mètres cubes par hectare ;
il fume ensuite à pareille dose au moins pour un Froment
succédant à une jachère, ou bien pour une récolte de
Pommes de terre remplaçant la jachère et suivie d'un ensemencement d'Avoine, pour lequel il ajoute aussi 40 mètres
de fumier, et en outre 100 hectolitres de cendres lessivées,
lui revenant à 85 fr. pris à 36 kilomètres de chez lui.

C'est par des soins analogues que M. Bobé a créé, depuis
deux années, une assez grande étendue de prés dans des
terres froides pouvant être irriguées, et il y obtient de très-
bons résultats. Nous avons traversé une longue étendue de
ces prés d'une fort belle apparence, même dans les parties
où l'eau d'irrigation ne peut parvenir ; ils sont cependant
plus beaux dans la partie irriguée. J'avoue que je n'avais pas
encore vu de l'année une récolte de foin sur pied à beaucoup près aussi belle. Ces prés ont été semés de Raygrass
d'Italie et d'Angleterre, de Trèfle blanc, de Lupuline, de
Houlque laineuse et de graines prises dans les greniers à
foin. Les champs de Vesces, Gesses et Lentillons ne le cèdent
en rien aux autres cultures ; seulement les Trèfles et les Luzernes ont souffert d'un printemps froid et sec, ainsi que de
la prolongation des pluies survenues ensuite , qui ont em-

pêché qu'on n'en fît la fauchaison en temps opportun.

En fait d'engrais, il en est un qui abonde dans les vignobles, c'est le marc de Raisin, qui, après avoir été distillé, se vend, aux environs d'Orléans, 1 fr. le mètre cube, et contient encore assez de principes fertilisants pour produire des effets merveilleux en en épandant 50 mètres cubes par hectare.

Après avoir pris congé de M. Bobé, je voyageai avec une personne qui m'apprit que l'on vendait, à Orléans, les ergots de moutons et de veaux à raison de 14 fr. les 100 kilos, et que ces sortes d'engrais, très-bons pour les terres froides, procuraient de fort belles récoltes en en employant pour 100 ou 150 francs par hectare. Dans la voiture qui nous transportait se trouvait un autre voyageur racontant à son voisin qu'il avait acheté, l'année précédente, moyennant 52,000 fr., une propriété de 200 hectares, dont la majeure partie se composait de Bruyères défrichées depuis trois ou quatre ans ; qu'il s'y trouvait une maison ayant un premier étage non achevé, un cheptel et des instruments de culture. Ces conversations en courant, dans lesquelles il se trouve toujours quelque renseignement à noter, me conduisirent insensiblement chez M. de Béhague, au château de Dampierre, près Gien.

La première partie des propriétés de M. de Béhague, qu'il me fit visiter après dîner, est une petite ferme de 22 hectares de terres siliceuses si mauvaises que, bien que situées sur la rive droite de la Loire, on peut les assimiler à celles de la Sologne. Il en faut cependant excepter un pâtureau de 2 hectares qu'il a fait défricher, et dont il a fait, par ce moyen et le marnage, une terre assez fertile. J'insisterai sur les détails de cette culture perfectionnée, parce que j'en ai vu les débuts et j'en constate les succès avec beaucoup de plaisir. Cette petite ferme n'a point de prairies naturelles ; son propriétaire, après avoir fait mettre les anciens bâtiments en état et fait construire une étable pour vingt vaches, en a confié la conduite à un laboureur depuis longtemps à son service, où il était devenu bon cultivateur. Il lui a donné deux paires de bœufs, pour qu'il pût marner le plus promptement possible ces terres, qui en avaient un grand besoin, et Martin se trouva ainsi à la tête de cette petite ferme aux conditions suivantes : ses gages furent fixés à 600 fr. sans qu'il fût nourri, toutes les récoltes sarclées et les fourrages faits dans la ferme devant être exclusivement employés d'abord à la nourriture de ses quatre bœufs, et ensuite à nourrir le plus grand nombre possible de vaches qu'il devait acheter à son compte, et dont le produit serait pour lui, excepté les fumiers, qui devaient être employés dans la ferme. Il devait, en outre, payer au propriétaire 50 fr. par tête de vache ; mais, pour mettre l'exploitation plus rapidement en valeur, M. de Béhague a acheté pendant trois ans les fumiers de la brigade de gendarmerie voisine. Martin eut, en outre, la faculté de prendre, dans un taillis qui touche la ferme, la Bruyère nécessaire pour entretenir de litière son bétail, qui, depuis sept ans, est arrivé progressivement à se composer de deux bœufs seulement, n'ayant plus que quelques hectares à marner, quatorze vaches, un âne et deux porcs. Ses marnages se sont effectués à raison de 45 mètres cubes par hectare, ce qui, avec les bonnes fumures données à ces terres, les ont tellement transformées qu'elles sont actuellement couvertes de très-belles récoltes. Parmi les céréales se trouve de très-beau Froment. Un superbe champ de Vesce d'hiver destinée à la nourriture en vert du bétail est, à mesure qu'on le fauche pour cet usage, labouré et emblavé de nouveau d'un mélange de Sarrasin, de Millet et de grande Spergule, toujours pour donner en vert. On fait encore, toujours pour cette destination, du Maïs-fourrage, des Betteraves et des Choux que l'on fait succéder à un Trèfle incarnat. Martin avait, en ce moment, de fort belles Carottes, et il se proposait, après la rentrée des Seigles, d'ensemencer beaucoup de terre en Navets. J'ai trouvé ses vaches dans un parfait état, grâce aux soins qu'il leur prodigue. Une d'elles provient d'un taureau durham ; elles ne sortent pas de l'étable et font ainsi beaucoup de fumier.

Le lendemain matin, j'eus le plaisir de parcourir avec M. de Béhague une grande partie de ses cultures. Entre autres céréales rivalisant de beauté, j'admirai ses Froments, dont une variété anglaise, nommée *Golden-drop*, était remarquable par sa hauteur, son épaisseur et la longueur de ses épis. Les autres récoltes étaient à l'avenant. Il a jugé à propos de défricher des prés qui produisaient fort peu de foin, quoique situés dans la vallée de la Loire et sur un excellent terrain d'alluvion. Il a déjà obtenu de ce défrichement un très-beau Colza, suivi d'un excellent Froment, sans avoir donné la moindre fumure.

M. de Béhague a eu l'heureuse idée d'engager pour l'été un entrepreneur de sarclages des environs de Lille, qu'il nourrit et rétribue à raison de 50 fr. par mois. Il lui a, en outre, donné 70 fr. pour frais de voyage, aller et retour. Il se loue beaucoup de l'intelligence et du savoir-faire de cet homme ; son projet est de faire, à l'avenir, ses récoltes de Colza et leur mise en meule à la manière flamande, ce qui revient à 16 fr. par hectare. Ce sera d'un bon exemple pour nos cultivateurs, car en France, excepté dans les départements du Nord et du Pas-de-Calais, on bat généralement les Colzas quelques jours après les avoir coupés, tandis que dans les Flandres on les met en meule pour laisser mûrir les parties de siliques qui ne le sont pas assez, méthode préférable à la dessiccation par le soleil, laquelle produit des graines petites et rouges. Il est, d'ailleurs, plus facile de trouver des batteurs pour les Colzas après la récolte des céréales qu'à l'époque des fauchaisons. C'est sur les indications de ce cultivateur flamand et sous sa direction que M. de Béhague a fait faire une vingtaine d'hectares de Betteraves. Il se propose de fixer cet homme dans le pays en y faisant venir sa famille ; il lui céderait à bon compte une petite ferme dans laquelle il pourrait faire ses affaires. Je regarderais la conclusion de cet arrangement comme un fait heureux pour la localité : un bon agriculteur des Flandres exploitant, près de Dampierre, une vingtaine d'hectares, y employant une laborieuse famille et y introduisant ses procédés de culture, serait un excellent modèle sous les yeux des petits cultivateurs de cette contrée, qui commencent déjà à imiter les cultures du château et à faire des prairies artificielles, un peu de Betteraves, des Choux et du Colza.

M. de Béhague possède plus de cent bêtes à cornes, dont trois taureaux et six vaches ou génisses de pure race durham. Son taureau, qui est âgé de onze ans, est encore très-propre au service de reproduction ; ses autres bêtes, issues de mères charolaises, dont il ne lui reste plus que quelques-unes, ont plus ou moins de sang durham. Une partie de ces animaux vivent dans des enclos. Il a acheté, l'an dernier, en Angleterre, deux béliers et six brebis southdowns au prix de 125 fr., sur place, les béliers et de 50 fr. les brebis. Le choix m'en a paru fort heureux. Les béliers sont destinés à féconder des brebis berrychonnes, M. de Béhague voulant conserver son troupeau mérinos sans aucun mélange de sang. Il a de fort beaux cochons leicestershires venant du parc de Versailles, dont il vend les jeunes 50 fr. la paire. Il possède un fort bel étalon pur sang qui produit, avec ses juments de labour de race percheronne, de bons poulains donnant de fort belles espérances ; on en dresse deux qui feront une jolie paire de chevaux de calèche.

M. de Béhague a fait à ses étables, pour l'été, une modification très-hygiénique, en remplaçant les croisées par des paillassons semblables à ceux des jardiniers. Ces paillassons, par lesquels l'air extérieur pénètre doucement sans établir de courants dangereux, en laissent assez passer pour qu'il se charge des miasmes et les emporte par des cheminées à ventilation, qui vont ressortir un peu au-dessus du faîte de la toiture, et dont l'orifice est recouvert d'une mitre en planche, pour empêcher la pluie d'y pénétrer. L'obscurité qui règne ainsi dans l'étable empêche que les mouches qui s'y trouvent ne piquent les animaux, et les paillassons en défendent suffisamment l'entrée à ces insectes immondes. Lorsque l'on désire voir clair, il suffit de les lever au moyen d'une forte ficelle disposée à cet effet.

De jeunes bœufs, déjà fort remarquables, étaient destinés au concours de Poissy. Je ne puis jamais me lasser d'admirer la bonne tenue de ces élèves, si bien nourris, si convenablement logés et si parfaitement soignés par les vachers suisses que M. de Béhague emploie.

Comme M. de Béhague n'avait pas encore visité les cultures de M. Lupin, propriétaire du château de Loroy, nous y fûmes ensemble. Là nous avons trouvé les plus belles céréales qu'on puisse voir, de fort bonnes prairies artificielles, des Lins de février et de mai d'une grande beauté, et une vaste étendue de Colzas faits sur un défrichement de Bruyère. Cette dernière culture a eu beaucoup à souffrir des gelées de printemps. Il est aussi fort regrettable que le hâle excessif et les vents froids aient desséché les pâturages. Mais un vaste champ planté en Rutabagas et Navets présentait une végétation vigoureuse qui me fit grand plaisir à voir ; ce n'était, il y a deux ans, qu'une triste Bruyère que 450 litres de noir animal, par récolte et par hectare, ont suffi pour fertiliser. Il eût fallu, dans une ancienne terre, 100 mètres de bon fumier pour obtenir une aussi bonne préparation de Rutabagas.

Le manque de fumier est, pour les cultivateurs français, un grand obstacle à la culture des Betteraves, Carottes ou Navets, celui qu'ils peuvent faire n'étant pas de trop pour leurs Froments. Mais ceux d'entre eux qui ont encore des Bruyères ou de mauvais bois bons à défricher pourraient, après deux ou trois années de culture de ces terres neuves, y obtenir de fort belles récoltes en racines et Colzas-fourrage avec une dépense de 40 à 50 francs de noir animal par hectare. Ils pourraient ainsi, nourrissant plus de bétail, augmenter leur fumier et obtenir des récoltes complètes, par conséquent rémunérantes, au lieu de demi-récoltes qui les constituent en perte et les dégoûtent de la culture. Le Lin, le Colza à graine et les Vesces réussissent à merveille sur des Bruyères défrichées depuis une couple d'années en leur donnant, chaque année, la dose de noir que j'ai indiquée : ce sont des récoltes qui produisent beaucoup d'argent.

M. Lupin nous a montré de très-beau et très-nombreux bétail provenant de croisements durham-charolais et durham-cotentin. Nous avons admiré ses énormes troupeaux croisés dishleys ou southdowns ; les uns et les autres ont eu à souffrir de l'influence de la sécheresse et du froid sur les pâturages. Il était en train de faire engraisser, après castration, deux taureaux durhams qu'il destinait au concours de Poissy. L'un des remplaçants de ces deux taureaux, acheté chez lord Ducie, est le fils d'un fameux taureau, *Usurer*, que lord Ducie a payé **10,000** francs.

Une copie de la machine à moissonner de Hussey, de Baltimore, a été achetée, en Angleterre, par M. Lupin ; elle a coûté, prise à Londres, **450** francs. On attend la maturité des céréales pour la mettre à l'œuvre. Quand on aura acquis l'habitude de la diriger, trois hommes pourront, avec deux chevaux relayés toutes les trois heures, couper au moins le grain de 4 hectares en dix heures. M. Lupin a été si content de son rouleau Croskill et de son scarificateur de lord Ducie se transformant, à volonté, en herse de Norwége, qu'il en a fait faire d'autres exemplaires. Il a les trois meilleures houes à cheval que je connaisse : celle d'Aberdeen, celle de M. Decrombecque et celle de M. Malingié. Il possède aussi d'excellentes charrues, et se sert principalement de la charrue belge-américaine. Il vient de faire venir de chez le sieur Morel, mécanicien, à Lens (Pas-de-Calais), la charrue d'Odeurs tournée en charrue américaine ; c'est, à mon avis, la meilleure pour les terres qui ne sont ni trop argileuses ni trop pierreuses ; elle se fabrique aussi à la Pique, près Nevers. La charrue Ransome, qui est tout en fer et ne coûte que **63** francs à Londres, fait aussi partie du matériel aratoire de M. Lupin. On y remarque encore des semoirs à grains et des semoirs à racines ; ces derniers sèment, en même temps, l'engrais et la graine.

entre lesquels on a soin d'interposer un peu de terre afin
que l'engrais ne brûle pas le germe au moment de son développement. Nous avons vu aussi une ingénieuse machine à
préparer les filasses de Lin et de Chanvre, dont un des régisseurs, qui est Flamand, paraît fort satisfait.

Toutes ces machines, ainsi que celle de Whitehead pour faire
les tuyaux de drainage, une des meilleures d'Angleterre, sont
établies par le sieur Julien, mécanicien, à Henrichemont (Cher).

Le plus gros modèle du rouleau de Croskill à dix-huit
disques coûte 450 francs à la forge de Mazière, près Bourges.
C'est un instrument si utile, je pourrais dire si indispensable,
dans une grande exploitation, que la plupart des fabricants
de sucre du Nord et du Pas-de-Calais qui cultivent l'ont adopté,
bien qu'il ne soit encore connu dans ce pays que depuis six
ans, époque vers laquelle M. Decrombecque l'a importé d'Angleterre. C'est en grande partie à la puissance du rouleau
Croskill que l'on doit la possibilité d'obtenir, dans des terres
trop légères pour cette céréale, d'excellentes récoltes de Froment. Ce rouleau repique fort bien les grains d'hiver déchaus-
sés par les gelées et les dégels alternatifs du printemps. J'ai
vu de superbes Froments presque complétement déracinés
parfaitement revenir après y avoir passé ce rouleau à deux
ou trois reprises par un temps sec. Son emploi, répété, arrête
aussi le ravage des vers qui coupent les plantes en terre. Les
services que l'on peut tirer de l'emploi de cet instrument sont
si importants, que tout cultivateur qui n'est pas arrêté par le
prix regagne souvent en moins d'une année l'argent dépensé
pour cette utile acquisition.

Dès 1846, M. Lupin a commencé à faire des drainages. Il
a déjà plus de 100 hectares complétement assainis, et continue avec persévérance l'accroissement de ce genre d'amélioration du sol, la plus importante de toutes pour les terres à
sous-sol imperméable ou celles qui renferment de fausses
sources et autres infiltrations; aussi fait-il, maintenant, d'a-
bondantes récoltes sur des terres tout à fait impropres à la
culture avant qu'il ne les eût drainées.

C'est aussi à l'emploi judicieux des engrais que **M**. Lupin doit beaucoup de ses succès en agriculture. Une pièce de Lin de mai, si remarquablement belle, faite dans sa ferme de la Brossette, a été fumée à raison de **200** kilog. de guano, autant de plâtre et **8** hectol. de suie par hectare. Sur ses immenses défrichements de Bruyère, il vient des Avoines de $1^m,20$ à $1^m,30$ de hauteur; il y en a une fort grande étendue. Ces céréales ont reçu **5** hectol. de noir animal par hectare. De fort beaux Seigles sont venus sur premier labour de Bruyère; mais les Froments faits dans cette condition ont moins bien prospéré. En revanche, j'en ai vu de magnifiques venus sur des terres à Seigle laissées par un misérable fermier parti endetté. Ces terres avaient eu une jachère, puis **30,000** kilog. de fumier avec **200** kilog. de guano. Sur quelques-unes, le guano avait été remplacé par **500** kilog. de tourteaux de Colza. La dépense de ces deux engrais avait été à peu près égale, le tourteau étant à fort bon marché.

On a essayé, dans les terres de cette belle propriété, l'emploi du plâtre sur les prairies artificielles, et l'on en a porté la dose jusqu'à **1,000** kilog. sans apercevoir le moindre effet.

M. Lupin a fait faire, auprès de ses fermes et de ses locatures, des abreuvoirs et des lavoirs en partie alimentés par les eaux qui s'écoulent de ses drainages.

Après avoir quitté Loroy, j'ai visité une superbe ferme d'environ **400** hectares de terre provenant de Bruyères défrichées il y a une vingtaine d'années. Les bâtiments en sont beaux et spacieux. Cette propriété est à vendre au prix de **500,000** francs.

De là je me suis rendu, à **2** lieues de Mehun, chez **M**. Paulinier. Ce propriétaire est un habitant de Paris qui a acheté, en **1847**, environ **600** hectares de bois; il en a défriché à peu près **150** hectares parce qu'ils ne valaient rien, et pour donner de l'ouvrage à une foule d'ouvriers qui en manquaient après la révolution. Ce qui l'a surtout engagé à faire cette grande acquisition, c'est, dit-il, la masse énorme de minerai de fer que contenaient ces terres. Il en avait déjà extrait une grande quantité, lorsque les événements de **1848** vinrent l'arrêter dans cette exploitation, qu'il vient seulement de reprendre. Les terres défrichées par lui étant assez fortes et la plupart très-humides, il s'est décidé à aller passer quelque temps en Angleterre pour se mettre au fait de l'opération du drainage, qu'il pratique maintenant chez lui avec beaucoup d'habileté. Il a déjà **27** hectares de drainés à **1^m,20** de profondeur. L'ouverture des rigoles a **0^m,48**. Le fond est un peu plus large qu'il ne devrait l'être; cela tient à ce que, la terre étant complétement garnie de racines, les ouvriers sont obligés d'employer le pic au lieu de la bêche. Malgré la difficulté de ce terrassement, il ne le paye que **15** centimes par mètre courant pour tout faire, moins la pose des tuyaux, qui se fait à la journée. L'espacement des rigoles est de **8** et de **12** mètres, et leur tracé m'a semblé fort bien entendu. Il m'a présenté une particularité que je n'avais pas encore remarquée ailleurs; c'est que chaque grande pièce de terre est complétement entourée d'une rigole couverte.

M. Paulinier emploie maintenant le noir animal. Il s'y est décidé d'après les conseils de M. Lupin, ce qui lui a rendu un grand service; car, avant que de faire usage de cet engrais, il lui fallait deux années de culture et une très-forte fumure pour obtenir une récolte passable, et par l'emploi du noir il obtient maintenant de superbes récoltes en Froment, Orge et Avoine. Il m'a dit avoir employé sans aucun succès les engrais Dussault, Huguin et Bickès, et m'a montré un petit champ d'Avoine qui avait reçu de ces prétendus engrais où il n'y avait guère à récolter que la semence qu'on y avait employée, tandis que de chaque côté de ce champ il y avait de superbe Avoine, venue aussi sur un défrichement de première année et n'ayant reçu que **450** litres de noir animal par hectare. M. Paulinier a construit une des plus belles fermes que j'aie vues en France. La maison occupée par le régisseur ferait une belle habitation pour le propriétaire, si celui-ci ne préférait habiter un cottage orné avec goût et situé dans une plus jolie position. Un vaste et fort beau potager est attenant à la ferme. A la végétation plantureuse des légumes, à la vigueur des arbres fruitiers, on ne se douterait guère que ce terrain, si magnifiquement transformé, n'était, il y a à peine cinq ans, qu'un mauvais bois rempli de Bruyère. Voici comment l'on a procédé : après un écobuage de la Bruyère, on a bien défoncé le terrain, en y ajoutant toute la terre végétale sortie des fondations des bâtiments de la ferme, de la marne et du fumier ; un bon jardinier a fait le reste.

M. Paulinier avait fait construire un grand four à chaux pour le service de ses constructions ; mais, comme il n'a plus besoin d'aussi grandes quantités de cette matière, qu'il peut, d'ailleurs, se procurer à bas prix à Mehun, où des fours continus sont chauffés à la houille, il emploie ce four à faire, avec les menues branches et les grandes Bruyères de ses coupes, de la charbonnette, qu'il expédie, dans des sacs, pour la fabrication du charbon de Paris. Chaque sac se vend 4 fr. tout rendu à Paris, et coûte 1 fr. de port. Son bois pelard se vend au prix de 6 fr. la corde à charbon.

Une marne très-calcaire se trouve à peu de profondeur dans une partie de ces défrichements, ce qui offre un très-grand avantage à M. Paulinier pour l'amélioration de ses terres.

J'arrivai, le 11 juillet, de bonne heure chez M. Auclerc, à la Bruère, près de Saint-Amand (Cher). C'est un excellent cultivateur plein de zèle, qui a été récemment nommé chevalier de la Légion d'honneur en récompense de ses travaux et des bons exemples qu'il offre aux agriculteurs de cette partie du Berry ; c'était la seconde fois que je visitais ses intéressantes cultures, ainsi que le magnifique et nombreux bétail que renferment ses étables. Ces animaux sont des durhams-charolais ; mais son taureau est du pur sang durham. Ses céréales sont, en général, fort belles ; mais ses Froments anglais sont, évidemment, plus beaux et plus productifs que ceux du pays ; il en est de même chez M. Lupin. Il est fâcheux que la rouille attaque fortement ses Froments, inconvénient qui se reproduit souvent sur cette céréale dans les bonnes terres

noires et argilo-calcaires, de la nature de celles de M. Auclerc.
J'ai vu hier couper les premiers Seigles et, le 22 juin, j'avais
vu récolter ses premiers Colzas. M. Auclerc s'est fait de très-
bonnes luzernières dans de détestables terres, caillouteuses
et arénacées, qu'il est parvenu à améliorer par un copieux
marnage et d'abondantes fumures. Ses récoltes sarclées sont
très-belles, et les prés qu'il m'a fait voir sont parfaitement irrigués. Il faisait épandre, en ce moment, sur un champ en
jachère, destiné à recevoir du Froment, à la dose d'une forte
fumure de fumier de basse-cour, de la bourre de bœuf, contenant une certaine quantité de gros sable ; c'est un engrais
qu'il fait venir d'une tannerie, récemment établie à 1 lieue
de chez lui : on le lui fait payer 5 francs le mètre cube, et à
ce prix, si je ne me trompe, ce serait un engrais fort bon marché. J'ai dit à M. Auclerc que je craignais que cet engrais fît
verser son Froment, les racines pouvant seules supporter une
aussi forte fumure.

De là je me suis rendu, à Boishabert, près Lignières, chez
mon ami, M. Durand, qui, malheureusement, était absent ;
mais j'ai trouvé MM. ses fils devenus, sous sa direction, d'excellents cultivateurs comme lui. J'ai trouvé leurs récoltes généralement fort belles ; malheureusement leurs Froments ont
été, comme ceux de M. Auclerc, atteints de la rouille. Ces
agriculteurs ne cultivent que les Froments de diverses variétés
anglaises, ayant, en général, la paille très-roide, propriété
qui les empêche de verser, malgré la fertilité de la terre,
l'épaisseur du semis et la très-grande hauteur de leur paille.
J'ai trouvé leurs Avoines d'hiver magnifiques, les Betteraves
et les Carottes fort belles ; les Rutabagas et les Navets promettaient de le devenir. Quant aux Pommes de terre, elles
étaient déjà fortement atteintes de la maladie, ce qui n'avait
pas encore eu lieu d'aussi bonne heure.

Mon attention s'est fixée particulièrement sur des champs
de Moha d'une vigueur et d'une beauté très-remarquables
après la grande sécheresse qui avait eu lieu depuis quelque
temps. Les premiers semés avaient déjà 1 mètre de haut,

sans montrer encore un seul épi. Ils étaient si épais et d'un vert si foncé, qu'on pouvait, avec raison, en attendre une récolte abondante de fourrage vert, à une époque où d'ordinaire la sécheresse a tout brûlé. La semence pour 1 hectare doit être de 60 litres, qu'il est essentiel de faire tremper pendant vingt-quatre heures dans l'eau où l'on aura fait dissoudre 500 grammes de sulfate de cuivre (vitriol bleu).

Les bêtes à cornes sont belles et en très-bon état; elles proviennent du croisement des races fribourgeoise et charolaise. Les bœufs de cette provenance sont très-gros et très-aptes au travail.

Depuis une couple d'années MM. Durand avaient remarqué que leurs vaches ne leur donnaient presque pas de veaux mâles; ils eurent l'idée d'essayer du procédé qu'emploie depuis une douzaine d'années M. Peers, membre de la chambre des représentants de Belgique, pour avoir, à volonté, des veaux mâles ou femelles. J'en parle avec la plus grande réserve, la chose ressemblant beaucoup à une mystification; mais il est loin de ma pensée qu'un homme aussi grave, aussi éclairé et plein de zèle pour le bien de l'agriculture, comme l'est M. Peers, ait voulu se moquer de moi, qui le connais et le visite depuis environ six années. Ce procédé consiste, pour avoir des mâles, à traire la vache au moment de la faire saillir, et à lui laisser le pis aussi plein que possible dans cette même circonstance, si l'on préfère obtenir une génisse. Ces messieurs n'ont pas fait faire cette expérience en leur présence, mais ils ont recommandé à leurs vachers d'en agir comme il vient d'être dit pour obtenir des veaux mâles. Cette recommandation aura, sans doute, été plus d'une fois oubliée; néanmoins, depuis qu'ils l'ont faite, leurs vaches ont donné plus de deux tiers de veaux mâles au lieu de produire toutes les génisses comme les deux années précédentes. Ce résultat, à moins que d'être un jeu du hasard, semblerait confirmer l'efficacité du procédé que M. Peers avait puisé dans la lecture d'un ouvrage d'agriculture hollandais. La chose vaut la peine d'être approfondie : les expériences sont simples et faciles; il ne s'agit que de les faire avec soin et de prendre exactement note des faits. On placerait, par exemple, trois vaches dans les conditions requises pour en avoir des veaux mâles, et trois autres vaches seraient soumises au procédé indiqué pour leur faire produire des génisses. Si les résultats répondaient une couple d'années à l'attente de l'expérimentateur, le fait paraîtrait acquis. Je forme le vœu que quelques agriculteurs soigneux veuillent bien prendre la peine de vérifier le fait sur quelques-unes de leurs vaches, et donnent ensuite connaissance du résultat de leurs expériences. Personne, mieux que M. de Béhague, ne pourrait plus facilement et plus sûrement vérifier ce fait; il a le bétail à choisir et d'excellents vachers suisses, depuis longtemps à son service, assez intelligents et assez soigneux pour exécuter ponctuellement les instructions qu'il leur donnerait à cet égard.

Depuis longtemps M. Durand emploie avec succès le noir animal de raffinerie non-seulement dans ses défrichements, mais encore dans ses terres anciennement cultivées. Partout où j'ai vu employer du noir pour fertiliser d'anciennes terres, cet amendement n'a pas réussi. M. Durand assure que l'on aperçoit encore les bons effets de cet engrais la quatrième année après son application, quoique l'on n'en eût employé 5 hectolitres seulement par hectare. Un champ de Colza qu'on venait de récolter n'avait reçu, depuis quatre ans, aucune espèce d'engrais. A cette époque, la moitié de ce champ avait été fumée dans la proportion de 40 mètres cubes de fumier par hectare; l'autre moitié l'avait été à raison de 5 hectolitres de noir animal aussi par hectare : la récolte du Colza s'est trouvée plus belle sur la partie qui avait été traitée par le noir animal. Ici l'on sème souvent le Colza en lignes, et l'on ne lui donne alors que 2 hectolitres de noir par hectare; ce qui suffit pour donner de fort belles récoltes.

Lorsque M. Durand acheta sa propriété, il s'y trouvait une tuilerie dont le four était entouré d'un monticule composé de cendres, de chaux et de débris de tuiles mélangés. Il a

employé ce mélange à amender des terres d'une bonne nature, mais fort usées, en y en mêlant de 30 à 40 mètres
cubes par hectare, selon la qualité de la veine dans laquelle
il le puisait ; cela lui a parfaitement réussi, à tel point que
les bons effets de cette espèce de chaulage sont encore ap-
préciables après dix années. M. Durand évalue à près de
2,000 mètres cubes ce qu'il a retiré de ce monceau. L'effet
de la chaux et de la marne est merveilleux dans ces terres
froides manquant de calcaire. En voici un nouvel exemple.
Un ancien tuilier s'est construit une maison et une étable
dans quelques champs dont il avait fait l'acquisition ; il y a
aussi établi un petit four à chaux continu qu'il chauffe à l'an-
thracite. Ce combustible, pris à 25 kilomètres de chez lui,
revient à 3 fr. 50 c. l'hectolitre. Avec 1 hectolitre d'anthra-
cite il en cuit 5 de chaux, qu'il vend 1 fr. 25 c. l'hectolitre.
Son four lui revient à 150 francs, et peut préparer 10 hectolitres de chaux en vingt-quatre heures. Comme il ne vend
pas, à beaucoup près, toute la chaux qu'il peut faire, il emploie ce qui lui en reste à chauler ses terres dans la proportion de 100 hectolitres par hectare, et obtient ainsi des récoltes fort belles, comparativement à celles de ses voisins, qui
ne chaulent pas leurs terres. Les siennes étant presque toutes
chaulées, il vient de louer des Bruyères pour les défricher et
les chauler ensuite, afin de les mettre en rapport.

Les cultivateurs de cette contrée ne sèment presque plus
que des Avoines d'hiver, parce qu'elles leur rapportent beaucoup plus que celles de printemps. Il est à craindre que le
premier hiver un peu rigoureux, qui détruira cette espèce
d'Avoine, ne fasse renoncer beaucoup de cultivateurs à cette
culture hivernale, ce qui serait fâcheux ; car, le sol de ce pays
étant, en grande partie, de nature imperméable, on n'y peut
semer les Avoines de printemps que fort tard, et, comme le
centre de la France est fort sujet à souffrir de la sécheresse en
été, on n'y récolte habituellement que peu d'Avoine de printemps. Les Avoines d'hiver y sont donc toujours plus productives que les autres, et cela presque du double. En sup-

posant qu'elles viennent à geler dans un grand hiver, on n'aura perdu que la semence, le labour et les hersages ayant été utiles à la terre, qui sera prête à recevoir de l'Avoine de printemps pour remplacer celle que le froid aura détruite ; d'où je conclus que l'on aura toujours de l'avantage à cultiver de l'Avoine hivernale, celle-ci dût-elle manquer tous les cinq ou six ans par l'effet des froids.

Nous sommes allés ensuite visiter les cultures de M. Routier, fermier ardennais, au château de Launoy, ainsi que celles de la ferme de la Ronde, tenue par un de ses voisins, métayer du pays. Ce dernier, qui marne à très-hautes doses, a fait, cette année, des Trèfles dont la première coupe a produit de 4,500 à 5,000 kilog. par hectare ; ceux de M. Routier n'ont pas moins rendu. Ce propriétaire occupant exclusivement un attelage au transport de la marne, un seul charretier conduit à la fois deux tombereaux attelés d'un cheval et contenant chacun un 1/2 mètre cube de marne ; il les décharge en un même tas. Cette manière, également en usage dans la ferme de la Ronde, accélère beaucoup la besogne. Nous avons vu, sur ces deux propriétés, de superbes récoltes. De là nous nous sommes transportés sur l'immense étang de Villiers, desséché par le comte de Bourbon-Busset, qui l'a loué à cet effet. Les Trèfles que le fermier y a semés, quoique ayant levé très-clair, ont été vendus sur pied à raison de 80 francs l'hectare. Le fond de la plus grande partie de cet étang est détestable ; on l'a ensemencé en Avoine qui ne rendra presque rien. Quant à la meilleure partie, qui peut avoir environ 200 hectares, elle portait, auprès du Trèfle dont je viens de parler, de fort belles Avoines et de détestables Colzas que l'humidité de l'hiver avait empêchés de prospérer ; le reste était inculte. Toutes sortes de plantes légumineuses et autres avaient poussé avec une vigueur remarquable sur cette espèce de pâturage naturel, sur lequel on faisait paître un nombreux troupeau de petits moutons berrychons. On est frappé du manque de jugement avec lequel cette culture a été conduite : on a ensemencé une vaste étendue de terre détestable, qui rend tout au plus la semence qu'on lui a donnée, pour laisser en friche cette portion si fertile.

Le locataire de ce grand étang desséché vient d'en souslouer à un fermier picard une centaine d'hectares·au prix de 30·fr. l'un. Si toute la terre de cette partie est bonne, c'est assurément à trop bon marché.

Nous avons admiré un petit champ de Lin aussi beau que ceux des environs de Lille ; il a été semé par un des domestiques flamands-belges de M. Durand. Cet homme, qui est marié et a de grands enfants, a destiné à cette culture un petit clos attenant à son logement. M. Durand se loue beaucoup de ses Flamands, qui sont bons cultivateurs, labourent et sèment parfaitement, montent très-bien les meules et sont habitués, dans leur pays, à employer sans répugnance des vidanges comme engrais.

Le **15** juillet, je me suis rendu à la commune de Bannegon, située à **25** kilomètres de Saint-Amand-sur-Cher, pour y voir la culture de M. de Foulnay, possédant, dans cette localité, **28** hectares de bons prés et **82** d'excellentes terres, dont une partie aurait besoin d'être drainée. Parmi les belles récoltes en tout genre dont ces terres sont couvertes, j'ai principalement remarqué un champ de superbes Betteraves et de fort beau Maïs-fourrage. Une fort belle variété de Froment anglais, que M. de Foulnay a fait venir de chez M. Decrombecque qu'il a visité, produit beaucoup dans ces terrains fertiles. M. de Foulnay a environ quatre-vingts bêtes à cornes dans ses étables. Un taureau qu'il a élevé, deux·vaches et quelques génisses sont de race durham pur sang ; le reste du bétail, qui est fort beau, a moitié ou trois quarts du même sang. Parmi ses veaux, il y en a qui ont reçu quatre fois du sang durham. Ce croisement a été commencé avec un superbe taureau ayant servi au haras du Pin et des vaches choisies, dans le Cotentin, par M. de Foulnay. Cet agriculteur, essentiellement dévoué au progrès, a ramené de chez M. Malingié un bélier de la race perfectionnée de la Charmoise.

Les récoltes que j'ai pu observer entre Boishubert et Bannegon m'ont paru fort belles. La culture du Chanvre est très-répandue aux environs de Saint-Amand. Il y a déjà, m'a-t-on dit, plusieurs taureaux de Durham dans ses environs.

Je suis allé, le 17 juillet, chez M. Bérault, qui est, comme M. de Foulnay, un des anciens élèves de M. de Dombasle. Il y a cinq ans environ, il a acquis une propriété de plus de 300 hectares, renfermant quatre métairies et sise à 2 lieues de Lignières, sur la route d'Issoudun. Jusqu'à présent, M. Bérault n'avait pas cultivé par lui-même, il s'était contenté de diriger ses métayers de manière à les amener à une culture mieux entendue et plus soignée ; mais, éprouvant, de leur part, bien des obstacles à ses projets d'amélioration, il vient d'en renvoyer deux des moins convenables et va cultiver lui-même la moitié de sa propriété. Plusieurs de ses champs de grains d'hiver sont venus trop clair ; en voici la raison : un de ses métayers avait mélangé, douze heures avant le moment de semer, le grain et le noir étant humecté ; ce mélange, resté en tas trop longtemps, avait eu le temps de s'échauffer, et la fermentation avait ainsi détruit une partie des germes. On ne devrait jamais faire ce mélange plus de six à sept heures avant que de commencer la semaille, encore faut-il prendre la précaution de le laisser en couche peu épaisse sur le plancher.

Nous sommes allés, avec M. Bérault, chez M. Galichet, un de ses voisins, longtemps régisseur des forges du comte d'Osmond, qui vient de lui louer une ferme d'environ 100 hectares à raison de 1,000 francs par an, et, de plus, 160 hectares de bonnes Bruyères, à la condition de les défricher, de les marner à la dose de 50 mètres cubes par hectare, ou bien de les chauler dans la proportion de 40 hectolitres de chaux à l'hectare. A cet effet, M. Galichet a construit un four à chaux pouvant cuire 40 hectolitres par vingt-quatre heures, et l'a loué à un habile chaufournier, à la condition que celui-ci devra lui fournir toute la chaux dont il aura besoin à 5 francs le mètre cube ou 50 centimes l'hectolitre ; il devra, en outre, lui payer, pour la jouissance du four, 1 franc par mètre cube de chaux vendu au public, à qui cet homme peut la livrer à 8 francs. Ce qui permet au chaufournier de livrer la chaux à si bas prix, c'est d'abord parce que la carrière de pierre à chaux se trouve à la proximité du four et que l'extraction y est facile ; ensuite il est sur le bord du canal du Berry, qui lui amène de Commentry, près Montluçon, des escarbilles ou résidus provenant du coke que l'on fabrique en grande quantité dans ce lieu. Le prix de ces escarbilles est de 55 centimes l'hectolitre ; leur port, jusqu'au four, revient à 35 centimes, et il en faut de 3 à 3 hectolitres 1/2 pour cuire 1 mètre cube de chaux.

Depuis dix-huit mois que M. Galichet a loué cette ferme, il a défriché environ 40 hectares de Bruyères avec deux attelages, l'un de six juments, l'autre de huit bœufs du pays. Il faut à chaque attelage de cinq à six journées d'hiver pour retourner 1 hectare. Les charrues employées à cette opération sont des charrues Dombasle à avant-train. Les récoltes de Seigle et d'Avoine d'hiver sont fort belles.

Cette ferme, de la contenance de 100 hectares, avait été achetée, en 1820, pour 16,000 francs ; mais elle a été entièrement et assez bien reconstruite depuis lors. Auparavant, les métayers y mouraient de faim. Le comte a eu un procès fort long avec les communes voisines, qui prétendaient que toutes les Bruyères leur appartenaient ; mais, ayant gagné ce procès, il a transigé avec elles en leur abandonnant un tiers de ces Bruyères pour calmer les haines et ne point éprouver d'incendies, ce qui n'a pas empêché qu'on ne lui brûlât, cette année, un beau semis de Pins de six à sept ans qui n'avait heureusement que 4 hectares d'étendue. Il existe, dans le bail de M. Galichet, une clause en vertu de laquelle il a la faculté de remettre au propriétaire ses terres de Bruyères dans le cas où, après quatre années de défrichement, il ne voudrait pas les garder.

M. Galichet a fait faire, à la forge de Mazière, près Bourges, un rouleau de Crosskill du second modèle n'ayant que quinze disques ; maintenant il regrette de n'avoir pas choisi le plus grand modèle, qui, à la vérité, lui eût coûté une centaine de francs de plus, mais aurait mieux atteint le but qu'il se propose. Je l'ai engagé à faire faire, dans cet établissement, le scarificateur Ducie en y ajoutant la herse de Norwége, qui lui seraient de la plus grande utilité pour ses défrichements.

Comme je me rendais à la Guerche, d'où je devais aller visiter M. Massé, je rencontrai, à la station du chemin de fer de Bourges, M. Turin, dont j'avais fait la connaissance, à Paris, au congrès des agriculteurs. M. Turin fit tant d'instances pour m'enmener dans sa terre, située dans un pays d'une grande fertilité, me promettant de me conduire le lendemain à la Guerche, que je me laissai entraîner par son aimable invitation. Nous voyageâmes en chemin de fer jusqu'à la station de Bangis, la troisième après Bourges en marchant vers Nevers. Là nous montâmes dans son cabriolet, qui nous transporta à sa terre de Cornusse. Ce ne fut pas sans peine que son léger véhicule franchit une partie des 6 kilomètres que nous avions à parcourir dans ces terres fortes, où le chemin de grande communication n'est pas terminé, et sans la sécheresse, qui durait depuis quelque temps, nous n'eussions pu faire ce petit trajet qu'en charrette attelée de quatre bœufs. On a peine à concevoir comment, dans un pays aussi riche par la qualité de ses terres, qui reposent sur un sous-sol composé de pierres calcaires, on n'aît pas plus tôt pensé à pratiquer de bons chemins de communication entre les communes.

C'est en 1826 que le beau-père de M. Turin, étranger à cette localité, y fit l'acquisition de la terre de Cornusse, au prix de 100,000 francs. Cette propriété se composait d'un vieux castel plus solide que beau, assez spacieux pour y établir le logement d'une famille de médiocre fortune, et entouré de 200 hectares de terres arables, prés et bois de la meilleure qualité. Les bois contenaient une belle futaie. Depuis, l'ancien manoir a été transformé en maison de ferme, et sur une colline pointue assez voisine de l'ancien château on a construit une maison d'habitation d'où l'on jouit d'une vue délicieuse.

Un riche fermier, ou plutôt herbager, à qui M. Turin avait loué sa ferme il y a six ans, laisse, à fin de bail, les terres empoisonnées de Chiendent, de Chardons et d'une foule d'autres mauvaises herbes donnant aux champs un aspect déplorable ; il a défriché la moitié des prés, détérioré et amoindri un beau cheptel de 15,000 francs qui lui avait été confié. Il lui a suffi de ce petit nombre d'années pour détruire toutes les améliorations précédemment faites par les deux propriétaires, et entre autres les irrigations. Il faudra plus de temps pour nettoyer les terres et réparer le mal fait par ce mauvais cultivateur qu'il ne lui en a fallu pour tout désorganiser. J'ai admiré une pièce de 18 hectares de superbe Froment de mars faite par M. Turin. Quant aux Avoines d'hiver, ce n'est que le 19 juillet que l'on commençait à les moissonner, encore se trouvaient-elles imparfaitement mûres. Ces bonnes terres fortes se trouvaient ainsi de sept à huit jours en retard sur les cultures que je venais de visiter.

M. Turin me conduisit, comme il me l'avait promis, chez M. Massé. Chemin faisant, il eut la complaisance de me faire explorer plusieurs fermes de ce riche territoire, entre autres celles de la Bergerie et de la Chadonnière, louées toutes deux à un jeune fermier qui passe pour avoir une des plus belles vacheries de ce pays. Elle se compose d'une trentaine de vaches, y compris les génisses pleines, autant de vaches ou génisses élevées dans la ferme et quinze bœufs de même provenance qui sont à l'engrais ; plus, une quarantaine d'élèves, tant mâles que femelles, le tout de race charolaise, sans compter vingt et quelques bœufs de travail élevés chez lui et une quarantaine de bêtes achetées pour être engraissées. M. Turin a marchandé à M. Gaté (c'est le nom de ce fermier) deux génisses de trois ans, pleines et à choisir entre elles, après, toutefois, que le fermier en aurait retiré les deux plus belles ; celui-ci n'a pas voulu les accorder à moins de 360 fr. chacune. Ces deux fermes contiennent ensemble 200 hectares dont M. Gaté ne cultive que moitié environ, en suivant l'assolement triennal avec jachère complète. Il paye 10,000 fr.

de fermage, ce qui revient à 50 francs par hectare, et qui me semble à très-bas prix; mais il faut observer que la culture en est difficile et les chemins impraticables. Les bâtiments de l'une de ces fermes venaient d'être reconstruits à neuf et sur un très-beau plan.

De là nous nous sommes rendus à la Bougonnerie. M. Girardot, fermier de cette propriété, loue 100 hectares d'herbages, sans aucune terre labourable, à raison de 60 francs l'hectare. Les bâtiments d'exploitation sont laids et peu considérables. Toute la spéculation de M. Girardot se borne à acheter des bestiaux de toutes les espèces indistinctement pour les engraisser. Il se plaint beaucoup du mauvais état des chemins, qui rend sa ferme inabordable à tel point qu'il lui était presque impossible de transporter ses foins jusqu'à la Guerche, distante de 8 kilomètres, lorsqu'en 1848 ils valaient 96 francs les 1,000 kilogrammes; depuis cette époque, ils n'ont plus valu que 40 francs.

Nous arrivâmes enfin, M. Turin et moi, à Martou, but de notre voyage; M. Massé étant alors absent et ne devant rentrer que le soir, mon compagnon de voyage me quitta pour retourner chez lui. Je profitai du reste de la journée pour visiter une des meilleures fermes de ce pays, celle de M. Tachard, éleveur de durhams renommé, dont les sujets ont été souvent primés aux concours de Poissy et de Versailles. Ce propriétaire habite la Guerche, et sa ferme est à une certaine distance de cette ville, ce qui m'a privé de l'avantage de le voir; je m'en suis dédommagé, en examinant d'abord ses bœufs à l'engrais, au nombre desquels se trouvaient deux durhams destinés au concours de Poissy. Ces animaux m'ont paru fort remarquables, tant par la beauté de leurs formes que par le poids qu'ils avaient acquis déjà, tout en n'ayant que le même pâturage que les autres. Puis j'ai admiré de fort belles vaches durhams suivies de leurs veaux; je n'ai pu voir les élèves, à cause de leur trop grand éloignement, la fatigue que j'éprouvais m'empêchant d'aller les chercher aussi loin. Tous ces animaux sont dans d'excellents herbages, mais en trop petit nombre, ce qui permet à l'herbe de trop pousser et de se dessécher quand elle a atteint sa maturité; on sera forcé de la faucher et d'en faire du foin d'ici à quelque temps, afin de renouveler le pâturage.

Le lendemain matin, je pus, en compagnie de M. Massé, visiter plus amplement ses magnifiques bestiaux au nombre de cent têtes environ, y compris les veaux. Je ne sais combien il s'en trouve sur une troisième ferme qu'il possède à une certaine distance de sa terre, et qui est cultivée par un métayer. M. Massé vend maintenant, m'a-t-il dit, ses vaches de réforme à des éleveurs; il en retire ainsi de 400 à 550 fr.; c'est le prix qu'il en eût obtenu en les engraissant pour la boucherie, ses plus fortes vaches arrivant, à l'âge de sept à huit ans, à 450 kilogr. de viande, net, après l'engraissement. Ses vaches ou génisses pleines étaient au nombre de trente-six remarquablement belles et assez égales. Ce magnifique bétail à pelage blanc produit un effet très-pittoresque en se détachant sur le fond vert des herbages. J'avais vu, il y a quelques années, chez cet éleveur, une truie noire de race essex-napolitaine, qui lui donnait quelquefois, dans la même année, jusqu'à trois portées de chacune dix à douze jeunes. Ces cochons se sont multipliés chez lui et sont toujours très-productifs.

M. Massé fait usage des instruments de Dombasle qu'il a introduits le premier dans ce pays, il y a plus de vingt-cinq ans. Ses terres sont généralement très-fortes et la plupart pierreuses; il ne cultive de racines que sur des fonds d'étangs desséchés d'une grande fertilité. Après les Betteraves viennent, l'année suivante, des Carottes; il fait, chaque année, 5 à 6 hectares de ces racines, dont le produit moyen est d'au moins 50,000 kilogr. par hectare. J'ai vu, chez lui, de fort belles Féveroles, tant d'hiver que de printemps; il m'a dit que les premières lui rendaient jusqu'à 50 hectolitres, et les autres seulement 30 par hectare.

J'ai vu, chez cet habile cultivateur, de superbes Froments provenant de 1 litre de semence qui lui fut donnée en 1849 par un Anglais de ses amis. Ce litre, ayant été semé grain par grain, produisit, au bout de deux ans, 4 hectolitres, lesquels, ayant été semés au semoir, à raison de **80** litres par hectare, ont donné, cette année-là, une récolte de **170** hectolitres, plus de quarante fois la semence. Cette variété de Froment, ayant la paille très-roide, verse difficilement, propriété qui permet de lui donner une forte fumure; aussi rend-elle en moyenne 30 hectolitres par hectare. **M.** Massé en a récolté jusqu'à **48** hectolitres par hectare dans une de ses meilleures terres.

Comme je m'informais du prix des propriétés dans ce pays, M. Massé me dit qu'une des meilleures de cette localité, contenant environ 200 hectares et où il n'y avait qu'une habitation fort modeste, valait **250,000** fr.

Je pris congé de M. Massé pour me rendre chez un de mes anciens camarades de régiment, le comte de Bizy, résidant près de Guérigny, à **14** kilomètres de Nevers. Pour faire cette course j'ai dû suivre la charmante vallée de la Nièvre, rivière qui met en mouvement beaucoup d'usines. Cette promenade m'a été infiniment agréable. J'arrivai, au bout de deux heures, au château de Bizy, qu'entoure un beau parc à l'anglaise; il se trouve situé entre deux vallées couvertes de prairies parfaitement irriguées. Cette importante amélioration est due aux soins de MM. de Bizy, qui s'y entendent fort bien : ils venaient, tout récemment, de mettre en métairies les terres d'une culture étendue; ils ont placé, dans l'une de ces métairies qui avoisine le château, comme métayer, un homme qui avait été le vacher de leur exploitation; il m'a paru très-intelligent et fort soigneux. Cet homme avait, dans son étable, de fort belles vaches, et un taureau charolais acheté par M. de Bizy, chez M. de Bouillé, au prix de 650 fr. Les métayers de MM. de Bizy, qui sont presque tous d'anciens domestiques de la réserve, se sont engagés à se laisser diriger par eux pour la culture. L'assolement qu'ils doivent suivre est ainsi réglé : 1° des racines, Vesces ou autres fourrages sur une forte fumure; 2° du Froment; 3° du Trèfle; 4° un Froment après le Trèfle; 5° de l'Avoine ou de l'Orge, une demi-fumure. **M.** de Bizy a déjà suivi plusieurs fois le conseil donné par **M.** de Valcourt dans son excellent ouvrage, de chercher, dans le régiment le plus rapproché, des soldats habitués à certains travaux inusités dans la localité « qu'on a le désir de faire faire » et de les charger de former des ouvriers à ces travaux. Dernièrement, il avait fait venir de Nevers deux soldats originaires des environs de Grenoble, pays d'excellentes cultures où l'on pratique, comme dans plusieurs parties de l'Angleterre, l'écobuage des terres toutes les fois qu'elles sont un peu gazonnées ; ces soldats ont fait des écobuages soignés de manière à n'avoir que des cendres noires, au lieu d'en produire de rouges comme de la brique. Une autre fois, il avait fait venir, d'un autre régiment, des Artésiens pour familiariser ses moissonneurs avec la sape. Comme ces messieurs avaient dans leurs terres beaucoup de sources fort abondantes d'une eau excellente pour irriguer, ils ont mandé un des messieurs Simon, irrigateurs renommés, qui a passé quelque temps chez eux à tracer les fossés et rigoles d'irrigation et à former à ce travail des hommes assez intelligents pour le bien continuer. **M.** Simon recevait une rétribution de 30 fr. par jour, et **MM.** de Bizy, ayant été ses élèves les plus zélés, entendent fort bien, maintenant, tous les procédés de cette puissante amélioration.

M. de Chouleau, que des revers ont obligé à se faire architecte de parcs à l'anglaise, a tiré le plus grand parti des terrains environnant le château de Bizy ; c'est lui qui les a transformés en un parc très-agréable. Il entreprend ces travaux moyennant des honoraires de 20 francs par jour, mais fait payer le plan à part, lorsque l'on tient à l'avoir.

MM. de Bizy ont fait construire, près de chacune de leurs métairies, des bergeries, des granges et des hangars fort spacieux, et d'une manière fort économique. Ils ont fait faire les charpentes avec des Peupliers pris sur leurs terres ; les couvertures sont en paille, et l'on a remplacé les murs par des claies faites de branches. Je pense que les personnes qui cultivent le Colza pourraient en employer avec avantage les pailles pour faire ces claies ; ce serait encore plus économique et donnerait un meilleur abri : c'est ce que j'ai vu pratiquer dans les Flandres belges.

Je suis retourné à Nevers, et suis allé, de là, au château de Villars, dont je n'avais pas visité les cultures depuis 1829. Chemin faisant, je passai à côté de très-beaux bâtiments de ferme entourés d'un champ considérable de magnifiques Betteraves tenu fort proprement ; c'est l'indice d'une bonne culture. J'ai remarqué, sur ma route, beaucoup d'autres petites pièces portant la même racine. M. de Bouillé a eu la complaisance de m'accompagner lui-même, et de me faire examiner en détail sa belle et bonne culture, d'autant plus intéressante qu'elle occupe différentes sortes de terrains. Il en a de calcaires garnis de grands Noyers ; il a des terres franches et des sables fertiles ; enfin de très-beaux prés ayant un fond excellent jusqu'à une profondeur de plusieurs pieds, ce dont j'ai pu juger par des fouilles exécutées pour le tracé du chemin de fer de Nevers à Moulins. Ce qu'il y a de particulier à ces prairies qui présentent une si bonne apparence, c'est qu'elles ne donnent guère que 2,000 kilogrammes de foin par hectare. On venait d'en défricher une partie sur laquelle je vis de belles Betteraves, quoique ayant été semées sur un seul labour. Les terres de M. de Bouillé sont très-favorables à la culture de la Luzerne ; un champ où l'on en avait semé depuis quinze mois, seulement, était recouvert d'une seconde coupe de la plus belle venue.

Le Maïs à graine est cultivé par tout le monde dans ce pays. M. de Bouillé m'a fait remarquer un champ de Froment dont les épis sont fort longs. Il m'a dit que la semence lui en était venue de Provence ; cette variété lui donne toujours d'abondants produits, que les boulangers estiment beaucoup. Il comptait que cette récolte allait lui rendre au moins 30 hectolitres à l'hectare. Ses cultures ne s'étendent que sur 60 hectares, tout compris. Il loue ses fermes depuis 45 jusqu'à 60 francs l'hectare ; il vient de placer dans l'une d'elles un métayer qui a pris l'engagement de ne cultiver que d'après ses conseils. J'ai vu, sur son exploitation, de fort belles récoltes tant de plantes sarclées que de légumineuses. M. de Bouillé donne, à ses journaliers, des terres labourées et fumées par lui, sur lesquelles ils font des récoltes sarclées dont il ne prélève que la moitié; il leur fait ainsi un grand avantage.

La vacherie de M. de Bouillé se compose de dix-huit belles vaches blanches charolaises lui produisant ordinairement plus de veaux mâles que de femelles. Il vend ses jeunes taureaux d'un an à quinze mois depuis 250 jusqu'à 500 francs et quelquefois plus. Au moment de ma visite, il en avait onze de l'année.

Son troupeau de moutons avait été croisé, il y a une vingtaine d'années, par des béliers southdowns; il venait d'en acheter un de pure race pour ce troupeau. Les toisons qu'il donne actuellement se vendent 2 francs le kilogramme; mais la moyenne en poids n'est que de 2 kilogrammes, tandis que celles des troupeaux southdowns, lavées à dos, fournissent le même poids. M. de Bouillé avait fait venir d'Angleterre un troupeau de cent cinquante dishleys et un autre de je ne sais combien de southdowns; ces moutons étaient soignés à l'anglaise par un berger anglais, qui les parquait par tous les temps. Au bout de quinze mois, tous les dishleys, agneaux compris, périrent de la cachexie. Les southdowns supportèrent mieux les intempéries de notre climat; néanmoins on les traita, depuis lors, comme les troupeaux français. Mais, M. de Bouillé ayant renoncé pendant quelque temps à la culture de sa terre de Villars, ce troupeau de pure race southdown ne fut pas conservé. Il eut aussi, à cette époque, un taureau et des vaches de pure race durham; il fait toujours le plus grand cas de cette variété précieuse de l'espèce bovine, et m'a dit que plusieurs de ces vaches durhams étaient très-bonnes laitières, dont l'une, entre autres, lui donnait jusqu'à 30 litres de lait lorsqu'elle avait vêlé en bonne saison, tandis que les meilleures vaches charolaises n'en produisent que 12 ou 15 litres au plus. En prenant congé de M. de Bouillé, je suivais une belle avenue d'arbres résineux conduisant du château à la route, et je remarquai parmi ces arbres un Pin laricio d'une grosseur et d'une hauteur bien plus considérables que celles de ses voisins ; malheureusement il était le seul de son espèce.

La propriété de M. le chevalier de Prizy touche à celle que je venais de quitter, et je visitai cet agronome distingué, que je n'avais pas vu depuis vingt-trois ans. Je l'ai trouvé persévérant dans son goût prononcé pour les améliorations agricoles. Il se fit un plaisir de me faire admirer une vaste pièce de Betteraves, assurément la plus belle que j'aie vue dans ce voyage, tant pour la grosseur des racines que pour la régularité de leur espacement et la grande propreté du sol. Il paye 96 francs par hectare pour les faire semer, sarcler, éclaircir et arracher. Il donne cette entreprise aux ouvriers qu'il emploie d'habitude, et n'en donne à chaque personne qu'un 1/2 hectare, afin qu'elle ait la possibilité de faire en temps opportun chacune des opérations que réclame cette culture. J'ai trouvé toutes ses récoltes de la plus grande beauté.

Le bétail à cornes de M. de Prizy se compose d'environ cent têtes, bœufs et veaux compris ; il est toujours à poil blanc, malgré le mélange d'un peu de sang durham introduit, il y a plus de vingt ans, dans son troupeau. Il avait acheté, alors, quatre vaches de cette race chez un des fermiers anglais de M. Brière d'Azy ; et, quoiqu'il n'ait pas renouvelé depuis lors le sang courtes-cornes parmi ces animaux, on ne laisse pas que d'y apercevoir encore sa présence par la beauté des formes et une plus grande abondance de lait, ce dont M. de Prizy fait le plus grand cas.

Cet éleveur aurait bien fait emplette d'un taureau durham, mais il a craint de nuancer le pelage blanc propre aux élèves charolais, et, comme il vend beaucoup de jeunes taureaux pour la reproduction et qu'il n'engraisse pas chez lui tous les autres élèves, il aurait eu de la peine à vendre dans ce pays, comme reproducteurs ou bœufs de travail, des bêtes qui ne seraient pas supposées de pure race charolaise. Il n'y a que pour l'engrais qu'il en est autrement. En général, lorsqu'on veut perfectionner son bétail par le croisement dans un pays où ce n'est pas en usage , il faut s'arranger de manière à si bien nourrir les élèves dès leur naissance , qu'ils acquièrent hâtivement tout leur développement, et qu'il soit possible de les vendre gras et non maigres, au plus tard entre trois et quatre ans les bêtes bovines, et à deux ans celles de l'espèce ovine. M. de Prizy vend la plus grande partie de ses élèves mâles comme taureaux, à l'âge de quinze à dix-huit mois, de 300 à 400 francs l'un. Pour pouvoir donner, dans ce pays, un peu de sang durham, il faudrait acheter des taureaux tout blancs ; il y en a beaucoup de cette couleur dans cette race.

Il y a vingt-cinq ans, M. de Prizy avait commencé à croiser des brebis métisses et berrychonnes avec des béliers southdowns , puis il avait fini par se contenter de béliers provenant de ce croisement pour ses brebis aussi croisées ; mais il a recommencé, il y a quatre ou cinq ans, à acheter des béliers southdowns de pure race, et les agneaux de cette année sont fort gros et ont assez de ressemblance avec les véritables southdowns , quoique élevés parmi les autres moutons, sans avoir été soignés à part. Il a vendu, cette année , la laine en suint 2 fr. 20 c. le kilogramme, et chaque toison pesait, en moyenne, 2 kilog. 1/2. Les moutons gras de ce troupeau fournissent net de 20 à 25 kilog. de viande d'une excellente qualité.

En quittant la Nièvre, je suis allé coucher à Moulins, et le lendemain matin je repartis pour le château de Changy, à 14 kilomètres de cette ville, et près de Bessé, qui doit être une des stations du chemin de fer de Moulins à Clermont. Les terres dépendant de ce château ont plus de 1,000 hectares, dont 80 en prés irrigués, 200 en bois et 24 en Vignes ; il y a douze métairies, un moulin et une vingtaine de *locatures* occupées par des vignerons cultivant ces Vignes à moitié, selon l'usage du pays, c'est-à-dire moyennant la moitié de la récolte. Ils payent le loyer de leur habitation , à laquelle se trouvent presque toujours attachés 1 hectare de terre, un petit pré et un jardin. Ils nourrissent une ou deux vaches, et fu-

ment leur terre, qu'on leur laboure, et on en partage la récolte.
Les Vignes, qui sont fort bien tenues et bien garnies de ceps,
m'ont paru trop garnies d'arbres fruitiers. Le tiers environ
de cette vaste propriété est en terres fortes, ou du moins d'une
très-bonne qualité, reposant sur un sous-sol de sable d'alluvion ; on en loue une petite partie aux habitants du bourg
de Bessé qui les avoisine, et dont la population compte quinze
cents habitants. Voici à quelles conditions se font ces locations. Le propriétaire fournit le fumier ; le locataire bêche la
terre, y sème le plus ordinairement du Chanvre, des Betteraves, des Carottes, des Haricots. Les récoltes sarclées sont
semées en lignes par ces cultivateurs, qui les tiennent très-
propres. Ils arrachent et rouissent le Chanvre qu'ils font. Le
propriétaire a une moitié de la récolte pour prix du loyer de
la terre et des fumiers employés à la fertiliser. A mi-hauteur
des coteaux qui bordent la vallée de l'Allier, les terres, quoique légères, sont d'une nature fertile ; elles sont plantées
d'une quantité considérable de superbes Noyers. Plus haut,
mais encore sur la pente, on voit d'énormes Châtaigniers couvrant les terres sablonneuses et caillouteuses de cette portion
du coteau. Quant au plateau , il est généralement formé de
terres argilo-siliceuses où l'on ne cultive que du Seigle, mais qui
sont assez consistantes pour donner de belles récoltes de Froment dès qu'elles auront été marnées ou chaulées et qu'elles
auront reçu ensuite une bonne fumure. On ne connaît pas de
marnière sur cette propriété ; mais les bouquets d'Hièble qui
y poussent avec vigueur m'ont fait supposer qu'il s'y trouve
de la marne à une certaine profondeur, supposition que
semble confirmer l'existence de marnières très-abondantes
situées à la même hauteur de la côte, à environ 4 kilomètres
de chaque côté de l'habitation. La chaux ne coûte, dans cette
localité, que 1 franc l'hectolitre ; l'inconvénient est d'aller
la chercher à 12 kilomètres de distance. Le calcaire manque
totalement à la composition des terres du plateau ; aussi les
marnages ou les chaulages y produisent-ils une amélioration
si marquée, que, d'après ce que l'on m'en a rapporté, il suf-

firait des deux premières récoltes pour couvrir les frais de cet amendement.

D'abondantes et fort belles sources existant en grand nombre à mi-côte et sur les points dominants des vallées qui se trouvent sur le plateau sont utilisées pour irriguer les 80 hectares de prés déjà créés; l'une d'entre elles est assez abondante pour alimenter un grand étang et faire tourner plusieurs moulins. M. Pillinsky espère doubler l'étendue des prés irrigués en formant de petits étangs et des réservoirs destinés à recueillir toutes les eaux de ces sources ainsi que celles des pluies, qui, ainsi ménagées et mieux réparties, suffiraient à l'amélioration qu'il projette. M. Pillinsky est un ancien officier polonais qui a fait ses études agricoles à Roville et à Grignon, et les a perfectionnées chez M. de Béhague. Ayant été chargé, par le prince Czartorisky, de lui trouver une terre susceptible de grandes améliorations, il se fixa, après de longues recherches, au choix de celle que je viens de décrire, en fit faire l'acquisition au prince, et en est aujourd'hui le régisseur.

Les métayers de cette partie de la France y subissent des conditions encore plus dures que partout ailleurs, et principalement dans le Berry et la Touraine. Ici non-seulement on partage avec eux le produit du cheptel et des grains, mais encore celui des arbres fruitiers, des cochons, des dindes et des oies. Ils donnent au propriétaire un certain nombre de poulets, de canards et de livres de beurre; ils payent, en outre, d'assez fortes sommes pour les impôts. M. Pillinsky a le projet d'appliquer cette dernière partie de la redevance au payement de moitié de la chaux ou des engrais qu'il se propose d'employer pour accroître sur ces terres le produit des récoltes.

Partout ailleurs les métayers ont des baux de trois, six ou neuf années. Ici l'on est dans l'usage de les prévenir seulement six mois d'avance qu'ils ne seront pas conservés dans leur ferme, et l'on peut, chaque année, user de cette rigueur.

Les fermes de la terre de Changy sont, généralement, assez

bien construites et les cheptels composés de bêtes à cornes charolaises ; ils ont été, ainsi que les récoltes sur pied, compris dans le prix d'acquisition qui, tout compté, ne s'élève pas à **600** francs l'hectare : je pense que cette acquisition doit avoir été un bon marché.

La ville de Moulins doit avoir aussi ses courses, qui cette année doivent commencer le 8 août et durer trois jours ; **20,560** francs y seront distribués en primes. C'est, m'a-t-on dit, aux soins et aux encouragements du baron de Veauce qu'elles doivent en partie leur fondation. Cet agriculteur distingué est un excellent éleveur et a introduit chez lui, il y a quelques années, un troupeau de moutons southdowns venu des environs de Newmarket.

On voit dans les environs de Moulins une culture assez avancée ; les céréales y sont belles. Quoique les terres ne paraissent rien moins que fertiles, on y fait beaucoup de Haricots. Ce sont des attelages de vaches que l'on applique à la culture. Les fermiers vont au marché en *pataches :* ce sont de petites voitures à deux roues et fort légères, pouvant contenir quatre personnes ; elles sont assez commodes pour le service auquel on les emploie.

A quelques lieues après Moulins, en suivant la route de Digoin, on entre dans un pays de Bruyères en grande partie nouvellement défrichées. Il y a dans la commune de Chevannes un grand propriétaire, **M.** Baillon, qui possède vingt-huit métairies pour lesquelles il a fait construire, il y a dix ans, deux grands fours à chaux. Pendant quelques années il a fourni gratuitement de la chaux à tous ses métayers, encore devait-il les presser fortement pour en faire usage. Aujourd'hui ce pays se trouve comme transformé par l'introduction du chaulage ; les terres y produisent maintenant une masse considérable de céréales, au lieu des maigres pâturages qui s'y trouvaient auparavant et sur lesquels de misérables moutons crevaient fréquemment de cachexie. Maintenant les métayers de **M.** Baillon, plus éclairés sur leurs intérêts, lui payent **100** francs par an le droit de prendre à son four la chaux qu'ils veulent employer sur leurs métairies. Il resterait maintenant à introduire l'opération du drainage dans ces terrains, qui sont presque généralement à sous-sol imperméable; ce qui rendrait les chaulages bien plus efficaces, les terres et le pays plus sains et par suite plus propres à l'élève des bêtes à laine.

Le 24 juillet, je me trouvais au château de Paray-le-Frésil, chez M. le vicomte de Tracy, qui me fit voir, ce jour même, une partie de son ancienne réserve composée d'environ 350 hectares qu'il cultive depuis une vingtaine d'années, et dont une cinquantaine d'hectares sont en prés irrigués, qui m'ont paru avoir été très-bien établis; malheureusement ils disposent de peu d'eau courante.

La plus grande partie de cette réserve qui entoure le château était, il y a environ dix-sept ans, époque où M. de Tracy hérita de cette terre, d'environ 3,600 hectares, propriété séculaire de la famille de M. de Tracy, pour la plus grande partie encore en Bruyères que l'on ne pouvait pas défricher à cause des droits de pacage qu'y avaient les communes environnantes; mais M. de Tracy leur en abandonna une partie en toute propriété pour pouvoir faire des siennes l'usage qu'il lui conviendrait. Il se mit donc à défricher ces Bruyères d'abord par écobuage, et plus tard par labour; il en a maintenant 600 hectares en plein rapport, dont une centaine ont été faits par ses vingt-quatre fermiers ou métayers. Ces défrichements reçoivent 75 mètres cubes de marne, quand ils sont assez rapprochés des marnières; et dans le cas contraire on leur donne 100 hectolitres de chaux; on ajoute 8 à 10 voitures à quatre bœufs de fumier, ou 32 hectolitres de bonne poudrette, payée 3 francs à Moulins, distant de 25 kilomètres de Paray-le-Frésil. J'ai vu une première récolte de Froment sur un de ces défrichements; elle m'a paru bien inférieure à celles que j'ai fréquemment vues résulter de l'emploi de 4 hectolitres et demi de noir animal des raffineries de sucre; celui de fabrique de sucre de betterave ne produit pas, à beaucoup près, d'aussi bons résultats.

Les marnages reviennent à M. de Tracy à **100** ou **120** fr., selon la distance des transports. La marne que j'ai vue en petits tas sur quelques-uns de ses défrichements ne m'a pas semblé très-calcaire ; mais ses excellents effets feraient supposer qu'elle contient une certaine proportion de phosphate de chaux. Quant aux chaulages qui se font à la dose de **100** hectolitres par hectare, ils reviennent à **100** francs, la chaux étant prise au four ; mais on pense que leur effet n'a que sept à huit ans de durée, époque où il faut recommencer, tandis que l'on ne croit devoir renouveler les marnages que quinze ans après la première application.

Pour la seconde récolte, après le défrichement on sème de l'Avoine, et la troisième récolte est un Froment qui a reçu une nouvelle fumure de **8** à **10** voitures. Vient ensuite une Orge ou une Avoine dans laquelle on sème du Trèfle, qui, après un aussi fort marnage ou chaulage, réussit déjà fort bien.

Le labour d'un hectare, fait avec un attelage de six bœufs, dure de quatre à cinq jours, selon l'état du temps ; on le fait suivre de plusieurs forts hersages à la lourde herse attelée de quatre bœufs. On donne, en septembre, un second labour après lequel on recommence les hersages jusqu'à ce que la terre soit assez bien préparée. Les racines extirpées pendant ces travaux sont mises en tas et brûlées sur place avant la semaille, et la semence se recouvre au moyen de l'araire à double versoir du pays, qui laisse la terre disposée en billons. Les récoltes suivantes reçoivent, chacune, deux labours et des hersages. La seconde récolte de Froment obtenue après défrichement est estimée de **18** à **24** hectolitres, celle des Avoines de **40** à **45** et celle de l'Orge de **35** à **40** ; ce sont de très-beaux produits. Celui du Froment pourrait, à mon avis, être encore augmenté, si l'on pouvait donner une fumure plus abondante, ou, à défaut de fumier, ajouter aux **8** à **10** voitures qu'on emploie habituellement **150** à **200** kilogrammes de guano du Pérou, qui augmenteraient assurément le produit de la récolte de **6** ou **8** hectolitres, ce qui laisserait un bénéfice net assez notable, sans compter l'accroissement de fertilité de la terre pour la récolte suivante.

La nouvelle réserve dont M. de Tracy n'a entrepris la culture que depuis cinq à six ans se compose d'environ 300 hectares, sur lesquels les deux tiers étaient des Bruyères dont la moitié, et même plus, se trouve actuellement défrichée et couverte de fort belles récoltes de céréales. Le fermier de cette réserve, qui ne payait qu'un fermage de 950 francs, l'impôt étant resté à la charge du propriétaire, crut devoir demander ou une diminution de fermage ou la résiliation de son bail; M. de Tracy profita de l'occasion pour entreprendre l'amélioration de cette portion de sa terre, et il compte bien que, d'ici à trois ou quatre ans, époque à laquelle son entreprise sera achevée, le produit net de cette exploitation s'élèvera à 10 ou 12,000 francs, même en défalquant l'intérêt à 5 pour 100 du capital qu'il y aura employé. Son ancienne réserve, d'une étendue de 350 hectares, lui a produit en 1852 un revenu net de 26,000 francs; si l'on défalque de cette somme 5,000 francs, valeur des fermages de la propriété à l'époque où il en entreprit la culture, et 6,000 francs pour l'intérêt des 120,000 dépensés en bâtiments d'exploitation et améliorations, on aura 11,000 francs à déduire du produit, et il en restera encore 15,000 de bénéfice absolument net pour l'année; magnifique résultat des améliorations entreprises, depuis dix-sept ans, par M. de Tracy et poursuivies avec autant de discernement que de persévérance.

C'est M. Molette, irrigateur à Saint-Vincent-lès-Bragny près Paray-le-Monial non loin de Charolles, qui a disposé les prés de cette terre; sa rétribution est de 10 francs par jour : il se charge de former les ouvriers de la localité à établir les irrigations d'après ses tracés et à les entretenir. Il en fait habituellement 2 hectares par jour, qui reviennent au prix de 50 à 100 francs par hectare, selon les difficultés du terrain.

Il y a quelques années que M. de Tracy a pris le fils de cet irrigateur pour régisseur; il lui donne des appointements fixes, et l'intéresse, en outre, à la prospérité des cultures qu'il dirige, en lui donnant 5 pour 100 du bénéfice net, défalquant toujours le prix de l'ancien fermage et l'intérêt du capital employé aux améliorations; ce qui lui vaudra cette année, pour l'ancienne réserve seulement, 750 francs.

La nouvelle réserve est assez éloignée de l'ancienne pour que les fumiers de celle-ci ne puissent pas suppléer à l'insuffisance des engrais que produit l'autre; aussi les terres de l'ancienne réserve reçoivent-elles en fumier par hectare la charge de 16 fortes voitures attelées de quatre bœufs, pour les Froments, à moins qu'ils ne viennent après un Trèfle; ce qui donne des récoltes de toute beauté en céréales. Les Trèfles m'ont paru généralement beaux. Jusqu'à présent M. de Tracy n'a fait que peu de Luzerne, et elle est infestée de Cuscute. Il ne fait encore que peu de récoltes sarclées, mais il a l'intention d'étendre beaucoup cette culture, maintenant que rien ne l'empêche d'habiter sa terre pendant une grande partie de l'année. Il a fait aussi construire près du canal latéral de la Loire un four à chaux continu qui produit 50 hectolitres par vingt-quatre heures. La pierre à chaux lui arrive par le canal et revient à 3 francs le mètre cube, port compris; 1 hectolitre de charbon lui revient à 85 cent. et cuit 3 hectolitres de chaux qui, en fin de compte, lui revient à peu près à 1 franc l'hectolitre. Comme il se propose de pousser les chaulages avec encore plus de vigueur, il vient de louer un autre four, monté pour produire encore plus que le sien.

La plupart des fermiers de M. de Tracy, étant, depuis 1848, devenus ses métayers ou l'ayant quitté endettés par suite de la dépréciation des produits agricoles, il les a remplacés par des colons partiaires à qui il fournira la chaux pour rien, convaincu que, par cet amendement, leurs anciennes terres, qui, dépourvues de calcaire, ne produisent que du Seigle, seront transformées en terres à Froment et à Trèfle, et que cette facilité de se procurer de la chaux les encouragera à défricher plus de Bruyères, ce que deux de ces vingt-quatre fermiers n'avaient pas encore fait à l'époque où je visitais ce pays et que les plus entreprenants n'avaient opéré que sur

4 ou 5 hectares au plus. Les cheptels de chaque métairie sont de la valeur de **2,000** à **6,000** francs, les plus forts se composent de seize à dix-huit bœufs et d'une trentaine de vaches ou élèves; ne faisant encore que très-peu de Trèfles, leurs troupeaux de moutons ne sont que d'une centaine de têtes. L'espèce de cochons blancs et noirs du Bourbonnais qu'ils élèvent n'est pas mauvaise, mais elle gagnerait infiniment à être croisée par des verrats essex-napolitains, ou bien des yorkshires aussi connus sous le nom de leicestershires.

M. de Tracy ne tient sur son ancienne réserve de 350 hectares qu'un troupeau de 600 bêtes à laine, qui reçoit, depuis quelques années, des béliers trois quarts sang southdown achetés chez M. de Prizy. Je suppose que c'est l'imperméabilité du sous-sol de ces terres qui empêche d'y avoir de plus nombreux troupeaux de bêtes ovines, si essentiels pour la production d'un bon fumier, surtout pour les terres froides. Quels services le drainage ne rendrait-il pas dans ce pays! M. de Tracy le comprend si bien, qu'il est dans l'intention d'en essayer. Il compte aussi faire l'essai du noir animal, pour tirer trois ou quatre bonnes récoltes d'une Bruyère défrichée, avant que de la chauler ou marner, dernière préparation de la terre; mais, comme elle prend beaucoup de temps pour les transports du calcaire et demande des avances pécuniaires assez considérables, elle ralentit nécessairement les défrichements, « d'autant plus que les défrichements au moyen d'une application de calcaire demandent encore une fumure. » L'emploi du noir animal vient donc fort à propos pour accélérer la mise en valeur des Bruyères nouvellement défrichées, point fort essentiel, car les trois ou quatre bonnes récoltes obtenues à l'aide du noir procureront l'argent nécessaire tant pour rembourser les frais de culture que pour suffire aux dépenses du marnage ou du chaulage, pour drainer, si cela est nécessaire, et même pour construire des bâtiments d'exploitation, si l'on veut se contenter de murs en pisé et de couvertures faites avec le chaume de la première récolte. En effet, la dépense pour cet engrais

n'est guère que de **50** francs par an et par hectare. 4 hectolitres et demi ou **5** hectolitres peuvent s'acheter facilement
et être rapidement transportés sur place ; ajoutez à cela que
la première récolte, avec un seul labour et quelques hersages, procurera une plus belle récolte que celle qui vient
d'ordinaire, dans la première année du défrichement, avec
trois labours, **75** mètres cubes de marne ou **100** hectolitres
de chaux, enfin 8 à **10** voitures de fumier qu'il est très-diffi-
cile de se procurer dans les pays où il se trouve beaucoup de
Bruyères à défricher.

Je pense aussi que dans ce pays, comme dans une grande
partie de la France, on laisse beaucoup trop décomposer les
fumiers, ce qui les diminue énormément et en fait volatiliser
l'ammoniaque par l'effet d'une fermentation trop prolongée.
Lorsque l'on ne peut pas mettre en terre son fumier six semaines après sa sortie des étables, écuries, bergeries et
porcheries, temps durant lequel il aura été mis en tas, souvent arrosé de purin ou d'eau à défaut de ce premier liquide, et parfaitement mélangé, on devra le stratifier par
couches superposées et mettre entre chacune de ces couches
une certaine épaisseur de marne ou de bonne terre, qui ra-
lentira ou arrêtera même la fermentation, empêchant ainsi
tout dégagement des gaz fertilisants. Le tas ainsi disposé sera
couvert et enveloppé de terre franche, que l'on battra afin de
la tasser et de la lisser comme il faut.

M. de Tracy possède une grande étendue de bois : une
belle futaie en occupe une partie, dans une autre se trouve
un *gaulis* datant de **1780** ; le reste, dont il a planté une certaine partie, est mis en coupes réglées : c'est lui qui a aussi
planté toutes les bordures des chemins et des champs de sa
propriété, principalement en acacias, mélèzes, peupliers
d'Italie et blancs de Hollande. Il affirme que tous les arbres
de la famille des légumineuses ne font presque pas de tort
aux récoltes qu'ils avoisinent. De tous, ce sont les mélèzes
qui prospèrent le mieux ; il est à souhaiter que la chaleur du
climat de cette partie de la France n'arrête pas plus tard

cette vigoureuse croissance, fait assez commun dans le centre de notre pays. Il y a autour du château des arbres d'une grosseur et d'une beauté peu communes en France.

En quittant cette magnifique exploitation si pleine d'enseignements, je pensais qu'il serait bien à souhaiter que tous les propriétaires ayant beaucoup de Bruyères sur leurs terres pussent visiter les grands et remarquables défrichements de M. de Tracy, consulter sa comptabilité et apprendre par là combien les défrichements des Bruyères dont le sol a un peu de consistance sont profitables, et de quelle importance sont les marnages ou chaulages pour les terres où manque l'élément calcaire; l'aspect des brillantes récoltes de Paray-le-Frésil les encouragerait à entrer dans une voie si lucrative pour les propriétaires et pour les ouvriers qu'ils emploieraient à ces grandes améliorations foncières.

Je suis arrivé, dans la matinée du 26 juillet, chez M. le comte Antonin de la Tour-Rochefort, ancien élève de M. de Dombasle, qui, il y a deux ans, a pris à bail pour vingt ans trois domaines ou fermes comprenant une étendue de 205 hectares, pour lesquels il paye à M. de Chabrillant 8,000 fr. de fermage, soit 39 fr. par hectare pendant les dix premières années et 8,500 fr. pendant les dix autres ; de plus, 5 fr. par hectare affectés au payement de l'impôt. Depuis longtemps je connaissais de nom M. de la Tour-Rochefort pour avoir appliqué le système de nourriture à l'étable au bétail engraissé précédemment dans les pâturages par feu son père, qui habitait de son vivant le Bryonnais, contrée la plus fertile du Charolais. En nourrissant ses animaux à l'étable avec l'herbe fauchée dans les herbages, il a pu en engraisser le double de ce qu'en auraient tenu ces mêmes pâturages, et de plus avoir en pur bénéfice tout le fumier produit dans les étables, avec lequel il fertilisait ses terres de labour; car ses herbages, étant tous irrigués avec de bonnes eaux, produisent tout autant depuis douze ans qu'ils sont fauchés que s'ils étaient pâturés. Son frère, qui l'a remplacé dans cette exploitation, fidèle au même système, continue à nourrir et engraisser le bétail à l'étable avec l'herbe des herbages.

M. de la Tour a obtenu la ferme-école de ce département; comme il en est à sa seconde année, il a vingt-deux élèves, tous assez âgés pour pouvoir bien travailler, et il en est fort content. Ils étaient, ce jour-là, presque tous occupés à faucher et à ramasser la récolte de Froment sous la direction d'un habile faucheur venu des bords de la Saône pour les mettre au fait de ce travail. La culture de cette nouvelle école m'a semblé parfaitement dirigée. J'ai admiré un grand champ de Trèfle ensemencé avec 22 kilogrammes de graine à l'hectare, et 6 hectares de Betteraves très-propres et fort belles. Sur une terre parfaitement préparée et bien fumée on traçait, au marqueur, des lignes pour y semer du Colza, ce qui se fait au moyen de bouteilles pleines de semence, et dont le bouchon est percé d'un trou pour la laisser échapper. Des jeunes gens munis de ces bouteilles laissent écouler la graine en suivant les lignes creusées par le marqueur. Plus loin, un champ de Colza arrivé à maturité était moissonné et mis en moyettes fort bien faites. Les instruments de Dombasle sont ceux qu'emploie M. de la Tour; il a un rouleau-squelette, il lui en faudrait un de Crosskill, du grand modèle, pour donner de la consistance à ses terres, qui sont, en grande partie, des Bruyères défrichées et des sables bien maigres; il n'a que peu d'herbages ou de prés : ceux-ci sont situés le long du canal communiquant de la Saône à la Loire, et ne peuvent être irrigués que dans la morte-saison.

M. de la Tour n'a pas encore pu commencer l'élève des bêtes à cornes ni celle des bêtes ovines; quant à sa porcherie, je ne l'ai pas vue. Ses bœufs de travail sont de race charolaise, coûtant, à l'âge de quatre ans, de 500 fr. à 600 fr. la paire. Ils sont en fort bon état. J'ai visité l'étable renfermant une quarantaine de vaches charolaises ou auvergnates, que l'on engraisse avec de l'herbe fauchée dans les prés ou dans les prairies artificielles; à quoi l'on ajoute des tourteaux de Colza coûtant, chez les petits huiliers du pays, de 8 à 10 fr. les 100 kilog. Ils sont d'une nuance infiniment plus foncée que ceux des huileries du Nord ; il est probable qu'on les a fait fortement cuire , cependant ils n'ont pas mauvais goût. Deux fours à chaux que **M.** de la Tour a fait construire sont continuellement en activité ; la pierre qu'on y calcine est remplie de coquillages fossiles ; la chaux qui en provient coûte 60 cent. l'hectolitre. **M.** de la Tour en fait répandre **220** hectolitres par hectare, et il assure que, sans ce chaulage énergique, la plupart de ses terres ne produiraient presque rien. Il espère qu'à la fin de la quatrième année de son bail ses **205** hectares seront tous chaulés. On construit dans la ferme une superbe grange qui ne reviendra qu'à **600** fr. **M.** Hofman de Nancy était en train de monter, dans la partie achevée de cette construction , une machine à battre de la force de quatre chevaux ; il la vend, avec son manége, le tout pris à Nancy, la somme de **1,200** fr., et se charge de la monter sur les lieux.

Étant retourné à Charolles par de fort mauvais chemins, j'en repartis de suite pour me rendre chez **M.** le comte de Rambuteau, dans sa terre de Rambuteau, sise à **8** kilomètres de cette ville ; mais j'eus à parcourir des chemins de montagne excessivement pierreux et presque impraticables, même avec un léger tilbury. J'aurais dû, pour bien faire, partir de Paray-le-Monial, et non de Charolles, pour me rendre à Rambuteau, ainsi qu'à l'endroit que j'avais visité précédemment. La terre de Rambuteau, d'environ **1,100** hectares, se trouve dans un pays montueux, à sol granitique. En **1816**, **M.** de Rambuteau commença par remplir les clairières de ses **200** hectares de taillis avec toutes sortes d'arbres feuillus ou résineux, et il entreprit en même temps le boisement de **300** hectares de mauvaises terres servant de pâtures à moutons et retirées aux vingt-quatre fermes de sa propriété. Chacune de ces fermes ne se compose plus actuellement que de **25** à **35** hectares infiniment mieux cultivés qu'avant que leur étendue fût ainsi diminuée. L'importance des fermages varie de **750** à **1,800** fr. , selon la qualité et l'étendue des terres. Le propriétaire ne fournit que le tiers des cheptels, qui sont de 2 à 3,000 fr. par ferme. Il a mis ses domaines sur un très-bon pied, en les tenant en métairie pendant six années, afin de pouvoir, durant ce temps, les chauler et ensuite les bien monter en bestiaux, brebis et cochons. Ces derniers sont un des grands produits du pays, qui suffit ordinairement pour payer un tiers et même la moitié des fermages du domaine par la seule vente des porcs, achetés jeunes dans les prix de 25 fr. et vendus dix-huit mois après. On fait pâturer à ces animaux des Trèfles qui ne poussent dans ces sables granitiques et maigres que depuis qu'on les a chaulés. Avant que d'employer cet amendement, on n'y récoltait que de pauvres Seigles, tandis que maintenant on y cultive le Froment. On y fait beaucoup de Pommes de terre et de Sarrasin, servant, ainsi que les grains légers et les sons, à l'engraissement des porcs.

M. de Rambuteau avançait à ses métayers, sans aucun intérêt, la part de cheptel qu'ils ne pouvaient fournir eux-mêmes; cela les mettait à même de faire des économies et de prendre la ferme moyennant un loyer dont le chiffre se trouvait fixé d'après la moyenne du produit des six années de métayage, temps pendant lequel ils devenaient bons cultivateurs, étant, pendant cette période, entièrement soumis à la direction du régisseur. L'assolement suivi est le biennal. Une partie est employée à la culture des grains d'hiver, et l'autre à la production du Trèfle, des Pommes de terre, des Choux, des Navets, des Avoines et du Sarrasin.

M. de Rambuteau a créé une quantité très-considérable de prés, fort bien irrigués au moyen de vingt-quatre étangs ou pièces d'eau destinés à réunir les eaux pluviales et celles des sources. 300 hectares sont couverts maintenant de ses immenses plantations, entreprises, depuis 1816, sur des Bruyères escarpées et de mauvaises pâtures à moutons, qu'on labourait de temps en temps sans les fumer, pour renouveler ces tristes parcours. Elles sont peuplées, en grande partie, de Mélèzes plantés de préférence sur les pentes de ces montagnes, où ils prospèrent. Cette essence d'arbres a été tirée des pépinières d'Orléans à l'âge d'un an; après les avoir repiqués, on les a définitivement mis en place à l'âge de trois ans, dans des trous de 1 mètre carré de superficie sur $0^m,66$ de profondeur, autant que le terrain l'a permis : il a fallu mille plants par hectare. Ces arbres sont déjà très-élevés, et ils ne seront bons à abattre qu'après soixante-quinze ou quatre-vingts ans de plantation. Des Pins d'Écosse ont été placés dans les localités ayant le moins de fond; on les a, le plus souvent, semés sur place. On voit aussi, dans ces plantations d'arbres verts, des Pins *laricios* et des Pins du Nord, des *Epicéas* et des Pins maritimes. Les *Laricios* semblent se plaire sur ce sol ingrat. Les **200** hectares de taillis sont bien fournis; on n'y laisse pas de futaies, si ce n'est sur quelques places où le terrain est des plus profonds.

Pendant une partie de la belle saison, M. de Rambuteau habite une autre propriété qu'il possède aux portes de Mâcon, et sur laquelle se trouve une grande étendue de Vignes, qu'il fait cultiver à moitié produit; mais on est, dit-il, obligé de nourrir les vignerons dans les années où les récoltes de vin sont insuffisantes. Il a fait construire, dans cette résidence, de fort belles serres et a créé de magnifiques jardins, ainsi que d'excellents vergers plantés des meilleures variétés d'arbres fruitiers achetés chez M. Jamin, pépiniériste de Paris justement renommé.

De Rambuteau je suis allé à Sainte-Marie; c'est un village situé au milieu de cinq autres, dans une vallée délicieuse. Mme de Rocca, l'une des filles de M. de Rambuteau, étant devenue veuve et restée sans enfants, a fondé dans ce village un couvent dont elle est la supérieure. Elle a cinq religieuses avec elle, et ces dames se consacrent à l'éducation religieuse de vingt-quatre jeunes filles pauvres ou orphelines prises dans les six villages. Ces élèves passent trois années dans le couvent, pour se bien préparer à leur première communion et y puiser les notions et les principes propres à former de bonnes mères de famille. Elles se livrent à des travaux qui leur donnent quelque gain, et l'argent qui en provient est placé à la caisse d'épargne, pour leur être remis à leur sortie du couvent, époque où elles sont placées dans des maisons honnêtes. Ces dames instruisent, en outre, les filles des six villages qui demeurent assez près de leur couvent pour venir comme externes y recevoir leurs leçons. Cette localité doit aussi à la pieuse sollicitude de Mme de Rocca un asile où les mères peuvent amener leurs enfants en bas âge, afin de pouvoir se livrer aux travaux des champs. De l'autre côté du même village, cette dame a créé une pension destinée à recevoir vingt-quatre garçons pendant trois années qu'ils emploient à s'instruire de la religion et des matières qui constituent un bon enseignement primaire. Cette pension est dirigée par trois frères de la doctrine chrétienne, recevant d'elle 1,200 fr. pour eux et 2,800 fr. pour les vingt-quatre garçons, qui sont instruits, nourris et habillés dans l'établissement. Ces frères donnent aussi des leçons aux garçons des villages qui désirent suivre leurs cours. L'inépuisable bienfaisance de Mme de Rocca ne s'est pas bornée à ces utiles fondations; elle faisait achever, lors de mon passage, un hôpital de vingt-quatre lits pour les malades des six villages. Le médecin qu'elle y a attaché donne, tous les deux jours, des consultations gratuites, et le pharmacien de cet hôpital naissant délivre aussi, gratuitement, les médicaments que le médecin a prescrits. C'est Mme de Rocca qui m'a montré elle-même, avec une extrême complaisance, les moindres détails de ses pieuses fondations. J'ajouterai que la chapelle du couvent et l'hôpital sont chauffés par deux calorifères ayant coûté 1,800 fr., que l'hôpital en coûtait 50,000 fr., et que Mme de Rocca avait acheté deux fermes destinées à faire une colonie agricole, pour y élever et y former au travail des garçons pauvres. M. le curé de Sainte-Marie, qui seconde de tout son pouvoir Mme de Rocca dans ses œuvres de charité, m'a dit qu'elle avait déjà employé plus de 300,000 fr. à ces diverses fondations. Je me retirai pénétré de reconnaissance pour le bon accueil que m'avait fait Mme de Rocca, et rempli d'admiration à la vue des prodiges accomplis par son intarissable bienfaisance.

Le pays que j'ai traversé depuis Rambuteau jusqu'à moitié chemin de Roanne est vraiment charmant; mon intention était de m'y arrêter pour voir la ferme-école établie par M. le comte Anglès, et les cultures de M. Crétin peu distantes de Roanne; mais le temps devint si mauvais, que je fus contraint, à mon grand regret, à renoncer à ces visites. Le chemin de fer de Roanne à Saint-Étienne et à Lyon traverse un pays accidenté et, par cela même, très-pittoresque, mais aussi très-peu favorable à la célérité du transport. Nous avons mis sept heures pour nous rendre de la première de ces villes à la dernière. La plaine du Forêt m'a paru assez bien cultivée; on y voit de nombreux champs de Citrouilles et d'autres récoltes sarclées. En s'approchant de Lyon apparaissent beaucoup de plantations de Mûriers. J'ai remarqué jusqu'à Roanne une grande quantité de charrues Dombasle; plus loin, ce sont les charrues américaines qui dominent. Je comparais, dans ce voyage, la vigueur de végétation des Platanes, formant une partie des plantations dans Lyon et de plusieurs villes que je venais de traverser, avec celle des autres essences d'arbres souvent plantés auprès de ces premiers, et j'étais naturellement conduit à cette conclusion, que le Platane, bien qu'assez difficile sur le choix du terrain, s'accommode beaucoup mieux de l'atmosphère des villes que la plupart des autres espèces d'arbres, qui semblent, pour ainsi dire, y bouder.

Je suis parti de Lyon le 28 juillet, à six heures du matin, par l'omnibus de Montluel. La vallée dans laquelle est située cette petite ville présente le spectacle d'une culture très-avancée; aussi les terres y sont-elles d'un prix excessivement élevé. Je franchis en cabriolet les 8 kilomètres qui me séparaient encore de la ferme régionale de la Saulsaie, dirigée par M. Césaire Nivière, que j'avais déjà l'avantage de connaître. Cet habile directeur était dans ses champs, je m'empressai de l'y rejoindre. Il me fit parcourir une partie de ses cultures établies sur 350 hectares autrefois partagés en quatre fermes, dont chacune n'avait alors d'autre cheptel que deux paires de bœufs, deux ou trois vaches et quelques misérables élèves, vivant, en été, dans les queues d'étangs et les petits taillis, et que l'on avait la plus grande peine à sustenter en hiver. Ce déplorable état de culture existe toujours sur les 76,000 hectares dont se compose la Dombe, dont l'air vicié par les étangs, la recouvrant aux deux tiers, a dépeuplé ce malheureux pays.

Comme les grains d'hiver étaient déjà rentrés, je ne vis sur pied que les Avoines, qui étaient fort belles, ainsi que les Trèfles semés au dernier printemps, car les Trèfles de l'année dernière avaient été labourés aussitôt que leur première coupe avait été rentrée. Je tiens de M. Nivière que l'imperméabilité du sous-sol favorise singulièrement la production d'herbes adventives, et notamment de l'*Agrostis stolonifera*, et que l'on ne parvient à s'en débarrasser qu'en donnant à la terre une demi-jachère soignée. A cet inconvénient vient s'en joindre un autre ; la sécheresse du climat de la Dombe s'oppose très-fréquemment à ce que les secondes coupes de Trèfle soient productives, et il arrive aussi très-souvent que l'humidité de l'hiver, suivie des sécheresses de l'été, durcit tellement le sol, qu'il devient impossible de verser les Trèfles au moment de la semaille des Froments ; c'est ce qui a déterminé M. Nivière à ne prendre qu'une coupe sur ces Trèfles. Voici l'assolement qu'il a adopté, en attendant qu'il soit parvenu à drainer ces terres si humides : pour la première année, Vesces ou Pois-fourrage, soit d'hiver, soit de printemps, sur une forte fumure ; pour la deuxième, Froment ; troisième, Trèfle dont on ne fait qu'une coupe ; quatrième, Froment, et la cinquième de l'Avoine. Avec ce système de culture, ces terres, si disposées à se couvrir d'herbes, reçoivent toujours, excepté l'année de la semaille du Trèfle, plusieurs labours et plusieurs hersages entre deux récoltes, ce qui les entretient propres et meubles, malgré leur disposition à se tasser après une forte pluie. M. Nivière leur donne habituellement deux façons au binot dans chaque demi-jachère, pour les empêcher de se battre et afin de faciliter la germination des graines de mauvaises herbes. Une particularité propre aux terres de la Dombe, dit M. Nivière, c'est que sur leur immense étendue elles sont, presque partout, de nature identique, non-seulement à la superficie, mais encore à une grande profondeur. C'est du moins ce qu'il a remarqué dans de nombreuses fouilles qu'il a dû faire faire pour forer des puits, creuser des canaux d'écoulement, et ouvrir les tranchées de la fondation de nombreux bâtiments construits pour la ferme régionale. C'est une terre franche, composée principalement de silice très-fine incorporée à de l'argile. Ce mélange, naturellement compacte, acquiert par le tassement une forte imperméabilité. On laboure assez facilement ce sol avec deux bœufs attelés à une excellente charrue à peu près semblable à celle de Dombasle, mais exigeant moins d'efforts de traction. Seize paires de bœufs de race charolaise suffisent presque exclusivement aux travaux de la culture. Il y a bien huit forts chevaux de trait, mais ils sont continuellement employés à faire les approches de matériaux pour les grandes constructions de l'institut et de la ferme régionale, constructions qui sont parfaitement appropriées à leur destination.

L'énorme et unique bâtiment destiné au logement du bétail peut contenir cent cinquante têtes; il existe, d'un côté, un large corridor sous lequel on creusera une cave voûtée, devant servir à la conservation des racines, qui y seront déchargées à travers des trémies pratiquées dans le sommet de la voûte. Cette voûte sera recouverte d'un plancher formé de madriers, afin d'amortir l'ébranlement que produiraient les tombereaux amenant les racines ou les fourrages verts et remportant les fumiers. Pour la célérité de ce service, une seconde issue est pratiquée à l'autre extrémité du corridor et destinée à la sortie des voitures vides; de telle sorte que les tombereaux, qui viendront successivement se décharger d'un seul coup, puissent se succéder rapidement sans encombre. Comme ce grand bâtiment est adossé à un terrain plus élevé que de l'autre côté, on a pratiqué au-dessus du corridor de rez-de-chaussée dont je viens de parler un autre corridor de premier étage, dans lequel les voitures chargées de fourrage sec ou de grains en gerbes pourront arriver pour y décharger une grande quantité de fourrages et de grains qu'on y entassera comme dans une vaste grange.

Les étables ont 3^m,25 d'élévation du pavé au plafond. Cet énorme bâtiment n'a pas moins de 66 mètres de longueur sur un peu plus de 22 mètres de largeur ; ses murs de basse-goutte, en pisé, sont épais de 0^m,50, et leur élévation est de 9^m,33. Il est construit depuis déjà sept ans, et, comme il n'a subi depuis ce temps aucun tassement ni dérangement quelconque, on peut le regarder comme solidement construit. Il a coûté 30,000 francs, et c'est M. Nivière qui en est l'architecte. On a placé, au premier étage et à l'une des extrémités de cet édifice rural, deux hache-paille placés côte à côte et mus simultanément par un manége attelé d'un petit cheval ; ces deux hache-paille coupent dans une demi-journée tout le fourrage vert ou sec nécessaire à la consommation quotidienne du nombreux bétail de la ferme, lors même que les étables sont remplies, ce qui n'avait pas lieu au moment de ma visite. On m'assurait que la seule force de ce petit cheval suffirait encore, si on le voulait, à mettre de plus en mouvement soit un coupe-racine, soit un concasseur de tourteaux. Tout à côté de ce manége est la cuisine du bétail ; c'est là que l'on fait bouillir les tourteaux et farines dans de l'eau destinée à l'arrosement des fourrages secs, composés, d'ordinaire, d'un tiers de foin et de deux tiers de paille. Ces fourrages, en sortant du hache-paille, tombent à volonté dans des espèces de cabinets disposés au rez-de-chaussée pour les recevoir ; on les mélange bien, et, quand on les a arrosés avec le bouillon préparé dans la cuisine, on les tasse dans ces cabinets pour y déterminer la fermentation vineuse, ce qui demande deux à trois fois vingt-quatre heures, selon l'état de la température.

M. Nivière a pris connaissance de ce procédé dans le Holstein et l'emploie avec succès. Il a engraissé, cette année, quatre-vingt-quatre bœufs, suffisamment pour la convenance des bouchers de Lyon, et il a eu le fumier presque complétement pour bénéfice; tandis que, l'année dernière, ayant voulu amener ses bœufs à un état d'engraissement complet, le fumier lui revint alors à 7 francs les 1,000 kilog.; cependant les animaux avaient été nourris exactement de la même manière. Quand on achète des animaux dans le but de les engraisser, voici le régime auquel on les soumet ici : on leur donne d'abord de la paille hachée arrosée d'eau dans laquelle on a délayé 1 kilogramme de tourteau de Colza et que l'on a laissée fermenter pendant quarante-huit ou soixante-douze heures. Au bout de quelque temps, on ajoute à cette nourriture du foin haché dans la proportion d'un quart de ration, humecté aussi avec un autre kilogramme de tourteau. Plus tard on augmente la quantité de foin pour la porter à la dose d'un tiers de ration; on finit enfin par faire entrer le foin dans la ration pour les deux tiers et ne plus y mettre la paille que pour un tiers : l'on arrive ainsi à l'époque où l'on peut composer la ration de moitié fourrage vert et moitié fourrage sec; puis on augmente peu à peu la dose de vert, jusqu'à ce que l'on ait ainsi tout à fait supprimé le fourrage sec.

La ferme de la Saulsaie avait autrefois, au midi et au levant, le voisinage pernicieux d'étangs dont les émanations insalubres occasionnaient tous les ans beaucoup de fièvres. M. Nivière est parvenu, à force de sacrifices, à faire dessécher entièrement ces étangs. En 1842 et 1843, années où ces maladies sévissaient, il tint note, mois par mois, du nombre de journées de ses ouvriers malades comparé au nombre total des journées d'ouvriers. Plus tard, après la mise à sec des étangs, il continua cette instructive statistique; il a bien voulu me permettre de la relever, et je me fais un plaisir de la transcrire ici, pour l'instruction des cultivateurs dont les propriétés se trouvent encore exposées à la funeste influence des marais.

ANNÉE 1842.

MOIS.	JOURNÉES d'ouvriers.	JOURNÉES de malades.
Juin............	132	12
Juillet..........	370	18
Août...........	421	128
Septembre......	422	142
Octobre.........	438	66
	1,783	366

ou environ 20 pour 100.

ANNÉE 1843.

MOIS.	JOURNÉES d'ouvriers.	JOURNÉES de malades.
Juin............	206	21 1/2
Juillet..........	410	66
Août...........	460	142
Septembre......	515	149
Octobre.........	522	94
	2,113	472

ou environ 22 pour 100.

ANNÉE 1844
(après la mise à sec des étangs).

MOIS.	JOURNÉES d'ouvriers.	JOURNÉES de malades.
Juin............	107 1/2	1
Juillet..........	221 1/2	5
Août...........	224	26
Septembre......	184	19
Octobre.........	118	1
	855	52

6 pour 100.

ANNÉE 1845.

MOIS.	JOURNÉES d'ouvriers.	JOURNÉES de malades.
Juin............	77	.
Juillet..........	108 3/4	4
Août...........	214	26
Septembre......	226	3
Octobre.........	336 1/2	22
	952 3/4	55

5 1/2 pour 100.

ANNÉE 1846.

MOIS.	JOURNÉES d'ouvriers.	JOURNÉES de malades.
Juin............	112	8
Juillet..........	252	8
Août...........	233 1/2	11
Septembre......	142	. 1/2
Octobre.........	142	5
	881 1/2	29 1/9

3 1/2 pour 100.

ANNÉE 1847.

MOIS.	JOURNÉES d'ouvriers.	JOURNÉES de malades.
Juin............	203	7
Juillet..........	271	2
Août...........	266	5
Septembre......	230	.
Octobre.........	279	.
	1,249	14

1 1/2 pour 100.

ANNÉE 1848.

MOIS.	JOURNÉES d'ouvriers.	JOURNÉES de malades.
Juin............	204	.
Juillet..........	268	.
Août...........	279	1
Septembre......	270	9
Octobre.........	279	.
	1,300	10

0,76 pour 100.

ANNÉE 1849.

MOIS.	JOURNÉES d'ouvriers.	JOURNÉES de malades.	
Juin............	268	2	
Juillet..........	260	2	
Août...........	234	27	Le même homme atteint d'une maladie de poitrine.
Septembre......	220 1/2	26	
Octobre.........	225 1/2	2	
	1,208	59	

4,85 pour 100.

ANNÉE 1850.

MOIS.	JOURNÉES d'ouvriers.	JOURNÉES de malades.
Juin............	274 1/2	3
Juillet..........	512 3/4	.
Août...........	523 1/2	23
Le même homme, 23 jours de fièvre cérébrale.		
Septembre......	378	2
Octobre.........	393	.
	2,081 3/4	28

1,34 pour 100.

RÉSUMÉ DE L'ÉTAT SANITAIRE DES DEUX PÉRIODES.

Première période, de deux années. — Dans les 350 hectares de la Saulsaie tous les étangs étant mis à sec, mais ce

domaine restant entouré d'autres étangs, il y a eu, sur trois mille neuf cent quarante-six journées de présence d'ouvriers, huit cent trente-huit journées de malades; soit **21,36 pour 100**.

Deuxième période, de huit années. — La Saulsaie n'ayant plus d'étangs au sud et à l'est, mais restant encore, du côté du nord, contigüe à la grande inondation de 49 lieues carrées, soit **78,400** hectares, il n'y a eu, sur dix mille six cent sept journées de présence d'ouvriers, que deux cent quatre-vingt-dix-huit journées de malades, soit **2,80** pour 100, en comprenant toutes les espèces de maladies.

ÉTAT COMPARATIF

Des deux genres de cultures : le premier avant **1840**, *époque où* **M. Nivière** *entreprit les desséchements; le second, après cette époque.*

Avant **1840**. Produit brut en argent, par hectare.   53 40
              Fumier produit, quintaux métriq. .   15 80

Après **1840**. Produit brut de l'hectare, en argent. 253 00
              Fumier produit, quintaux métriq. .   86 88

En me faisant connaître l'immense différence de ces deux résultats, M. Nivière me disait : « C'est bien une œuvre di-« gne du regard de Dieu que celle qui, après la preuve ac-« quise de la sûreté de ses voies, avait pour fin de produire « simultanément, sur ce désert, une population agricole et « chrétienne, et la salubrité qui devait y apporter l'abon-« dance. »

Passant au détail de ses cultures, cet habile agriculteur me mit au courant de ses récoltes actuelles. Le rendement de chacune d'elles était, pour chaque hectare :

Froment. . . . .   22 hectol.
Seigle.   22
Avoine.   35

Vesces et Trèfles. . . . .   4,000 kilogr.
Prés naturels.   4,000

D'après son plan de prévisions, l'emblave de **1853** devait être ainsi distribuée :

Froment. . . . .   **133** hectares.
Seigle. **13**
Avoine. **37**

        Total des céréales. . .   **183** hectares.

Trèfles. . . . .   **52** hectares.
Vesces d'hiver, Pois, Navets. . .   **31**
Vesces de printemps. **20**

     Total des plantes fourragères. .   **103** hectares.
Prairies naturelles. **50**

Total des cultures en superficie. .   **336** hectares.

En outre, 54 hectares de bois vont être défrichés, et une partie sera transformée en prés irrigués; on a le projet de tout drainer.

Il est arrivé à la Saulsaie, pendant mon séjour, une machine à battre locomobile mue par la vapeur ; je ne l'ai pas vue fonctionner ; les trois personnes qui la dirigent m'ont dit qu'elle battait, en dix heures, de 60 à 70 hectolitres de Froment ou 180 à 200 hectolitres d'Avoine. La personne qui fait battre doit fournir, pour le service de cette opération, huit hommes et sept femmes, dont la journée est ici, en temps de moisson, de 2 francs pour les hommes et de 1 franc pour les femmes; elle doit nourrir et coucher les trois hommes faisant le service de la machine, et payer en outre. pour journées, 1 franc par hectolitre de Froment. Tous ces frais réunis font monter le battage de chaque hectolitre de grain d'hiver à 1 fr. 50 cent., ce qui est un prix très-élevé. Aussi M. Nivière fait-il battre une partie de sa récolte au fléau. On m'a dit que cette machine à battre locomobile coûtait 3,000 francs, je n'ai pas retenu le chiffre de la quantité de charbon qu'elle consume. Le batteur à vapeur de Clayton de Schuttleworth et comp., de Lincoln, d'une force de cinq chevaux-vapeur, coûtant, à la vérité, 5,225 francs, tout compris, bat en neuf heures environ 100 hectolitres de Froment, et brûle de 250 à 300 kilogrammes de charbon de terre. Il est question, dans le *Farmer's Magazine*, d'une machine à battre à poste fixe, des environs de Newcastle, qui, avec sa machine à vapeur, ne coûte que 3,000 francs, et bat, en dix heures, de 60 à 80 hectolitres de Froment; elle n'emploie que deux hommes et quatre femmes pour la servir, de sorte que le battage du grain, nettoyé et monté au grenier par cette machine, ne revient qu'à 22 centimes et demi l'hectolitre, main-d'œuvre et combustible compris.

La pénurie de fourrages de cette année a fait beaucoup baisser, dans ce pays, les prix du bétail maigre. Dans l'automne de 1851, le bœuf valait 34 francs les 100 kilogr. sur pied, et maintenant il est descendu à 28 ou 30 francs; les moutons du pays, âgés de trois ans, ne se vendent plus que 24 francs la paire.

Je dois signaler ici un inconvénient très-grave qui existe dans les fermes régies pour le compte du gouvernement, c'est l'obligation imposée aux directeurs de verser entre les mains du receveur général tous les fonds provenant des récoltes et des animaux gras, et d'en redemander au ministre pour payer les achats qu'ils ont besoin de faire. Il en résulte que si, par exemple, on vend des bœufs et que l'on ait besoin de les remplacer tout de suite, après avoir versé le montant provenant de la vente des animaux gras, il faudra attendre souvent très-longtemps, à cause des lenteurs administratives, l'argent dont on a besoin pour racheter des animaux maigres. Pendant ces délais le prix du bétail peut avoir augmenté, et, dans tous les cas, si les animaux ne sont remplacés qu'après quelques mois, on perd tout le fumier qu'ils auraient produit pendant ce temps. Dans une autre circonstance, a-t-on besoin d'une meilleure espèce de Froment pour semence, on fait une demande de fonds pour l'acheter, et l'argent n'arrive que quand il est trop tard pour le semer. Ces faits, et bien d'autres que je pourrais citer, sont à chaque instant autant d'obstacles à la bonne gestion des directeurs et surtout au succès qu'ils cherchent à obtenir.

J'ai visité fort en détail l'intérieur de l'institut agricole de la Saulsaie. Il renferme soixante-quatre lits pour autant de jeunes élèves d'agriculture. Il n'y en avait, en ce moment, que cinq présents à l'établissement; ceci provenait du bruit qui courait depuis un an que les fermes régionales ainsi que l'institut agricole de Versailles devaient être supprimés.

Le personnel administratif et enseignant de la Saulsaie est ainsi composé (1853) : 1° un directeur, qui est M. Césaire Nivière, professant l'économie rurale; il a pour répétiteur M. Guérin, ancien élève de Grignon; 2° un sous-directeur, M. Cochet, ancien élève de Roville, qui tient la chaire d'agriculture, et a pour répétiteur M. Charpin, sortant aussi de Grignon; 3° un professeur de zootechnie, qui était M. Lemaire, médecin vétérinaire, ancien répétiteur de Grignon, homme d'un véritable mérite, qui, quand j'arrivai à la Saulsaie, venait de se noyer dans le Rhône, en s'y baignant avec plusieurs de ses collaborateurs; c'est une grande perte : M. Gobin, ancien élève de Grand-Jouan, est son répétiteur; 4° un professeur de botanique, enseignant aussi la silviculture; c'est M. Gayétant, docteur en médecine; 5° un jardinier de la ferme, professant l'horticulture et l'arboriculture, et suppléant pour le cours de botanique; ce poste est occupé par M. Verrier; 6° un professeur de génie rural, qui est M. Rayrol, élève distingué de l'école centrale de Paris; ce professeur, que l'on dit fort instruit, a voyagé en France, en Belgique, en Angleterre et en Italie pour compléter son instruction; il a été attaché, en qualité d'ingénieur, à un chemin de fer; il a pour répétiteur M. Tronc; 7° un professeur de chimie, de physique, de géologie et de minéralogie ; M. Pourriot est chargé de cet enseignement, et a pour répétiteur M. la Tisseranne; 8° un professeur de comptabilité, M. Fontaine, qui tient en même temps la comptabilité de l'établissement : il a deux aides; 9° un économe, M. Giberton; 10° un chef de culture, M. Réville, ayant sous ses ordres un premier laboureur, un chef de main-d'œuvre et un garde. J'aurais dû mentionner, après MM. les directeurs, l'aumônier de la ferme régionale ; ces fonctions sont confiées à M. le curé de la commune.

M. Verrier, qui cultive le jardin de l'établissement, est à peine âgé de trente ans ; il possède déjà une grande expérience des travaux de sa profession et s'exprime fort bien , faculté précieuse pour le succès de son enseignement. Son traitement est de 1,500 francs ; il est logé et dispose de tous les légumes nécessaires à la consommation de son ménage , car il est marié. A peine arrivé à la Saulsaie, les jardiniers de Lyon qui le visitaient l'avaient presque découragé en lui affirmant qu'il n'y avait pas de plus mauvaises terres pour le jardinage que celles de la Dombe, et que, si habile qu'il fût, il ne pourrait jamais obtenir de ces terres de bons légumes ni de bons fruits ; mais il ne s'est pas rebuté pour cela : son terrain a été drainé au moyen de cailloux (comme l'ont été les essais de drainage faits sur les autres parties de la ferme), on l'a marné et bien fumé, et les résultats ont répondu à ses prévisions, et il affirme avec raison qu'en Flandre et en Normandie, où il a été jardinier, il ne vient pas de légumes plus beaux que ceux de son jardin, ce dont j'ai pu me convaincre. Il pense, au contraire, qu'il n'y a pas, pour ce genre de culture, de meilleures terres en France que celles de la Saulsaie, qu'il a trouvées également bonnes jusqu'à une profondeur de 3 mètres. Il m'a fait remarquer avec quelle vigueur poussaient les arbres nombreux et variés plantés dans ces vastes jardins, les légumes monstrueux qu'il y obtient, entre autres diverses variétés de Choux ayant des feuilles d'une largeur jusqu'alors inconnue pour moi et des plants de Tabac d'un pareil développement, de gros Potirons de Paris, des Rutabagas et des Kohlrabis de dimensions énormes, de très-grosses Asperges coupées dès la seconde année de leur plantation. Cet habile horticulteur s'est fait un plaisir de satisfaire avec beaucoup d'obligeance à toutes mes questions, et j'ai largement usé de sa bonne volonté. Ainsi il m'a dit qu'il vaut mieux faire les Melons sur des monticules que sur des couches plates, et que, pour faire venir de belles Citrouilles, il faut employer de préférence du fumier de porc et en mettre une brouettée dans un trou de 1 mètre carré sur 0^m,50 de profondeur. Il m'a enseigné un procédé fort simple pour détruire les courtilières, c'est d'enterrer à fleur de terre des pots à demi remplis d'eau, mettre par-dessus, et à environ 1 décimètre de terre, une planchette supportée par deux briques, recouvrir le tout d'un petit tas de fumier que l'on a soin d'entretenir humide ; les courtilières y afflueront, surtout par le temps sec, et tomberont dans les vases, où on les retrouvera noyées. Il m'a fait part d'une expérience bien concluante par laquelle il démontre l'utilité de recouvrir d'un peu de terreau noir les planches d'Oignons. Il a laissé sur le bout d'une de ces planches une petite place dépourvue de ce terreau et a ensemencé toute la planche fort également et de la même graine ; la partie dépourvue de terreau n'a produit que des Oignons moitié moins drus et moitié plus petits que ceux du reste de la planche. Il fait beaucoup de cas d'une variété de Pommes de terre nommée le *Comice d'Amiens*. Selon lui, les Pêchers sont préservés de la cloque en plaçant contre le mur, en forme de toit et au-dessus des espaliers, des paillassons larges de 0^m,70 pour l'exposition ouest, et de 0^m,50 seulement pour celles du sud et de l'est, ce qui les préserve aussi de la mauvaise influence des gelées de printemps. Il emploie l'arcure pour obtenir du fruit sur les arbres qui n'en produisent pas, ce qui se fait en leur laissant, à l'époque de la taille, de longues brindilles que l'on ploie presque en cercle et que l'on attache pour les maintenir dans cette position : alors la séve y détermine l'apparition des bourgeons fructifères. Il recommande à ceux qui font des semis d'arbres fruitiers un moyen très-rationnel pour savoir si le fruit d'un très-jeune sujet sera de bonne qualité ou non, c'est de prendre sur le sujet d'un an que l'on veut connaître une de ses jeunes pousses, de la greffer sur le

bois d'un arbre dans la force de l'âge, donnant beaucoup de
fruits; l'on pourra obtenir ainsi, dès l'année suivante, le fruit
du jeune arbre et savoir, sans plus attendre, si l'on doit en
cesser ou en continuer la culture. M. Verrier connaît M. Lui-
set, pépiniériste de Lyon, qui a fait connaître et a propagé la
méthode de transporter, sur des arbres qui ne produisent pas
de fruit, des écussons munis de bourgeons à fleur; cette
sorte de greffe, que l'on peut pratiquer sur de l'écorce de
plusieurs années, doit se faire en août et au commencement
de septembre. M. Verrier m'a fait examiner des espaliers
conduits d'après des méthodes très-variées auxquelles il s'est
formé par les enseignements de MM. d'Albret, Lepère, Hardy
et auprès d'autres horticulteurs justement renommés. Il en a
imaginé lui-même de fort ingénieuses. J'ai remarqué surtout
dans ses cultures une ligne d'Abricotiers en contre-espalier
entre lesquels il a enfoncé de forts poteaux s'élevant à 3 mètres au-dessus de terre : au printemps il surmontera ces poteaux de traverses formant chaperon pour y placer des paillassons qui formeront, des deux côtés, comme une petite
toiture suffisante pour garantir les fleurs de la gelée. L'époque des froids passée, les paillassons sont enlevés, ainsi que
les traverses, et ces contre-espaliers produisent d'aussi bons
fruits que les Abricotiers en plein vent, qui ont le grave inconvénient d'en être souvent privés. Cet habile professeur
use d'un procédé fort ingénieux pour former ses élèves à la
taille des arbres en espalier : il dresse contre ses murs, en
pisé et au moyen de clous qui y tiennent très-bien, des baguettes traçant ainsi d'avance la disposition à donner aux
nouvelles branches de l'arbre; les élèves n'ont plus qu'à tailler les branches, en y laissant le nombre d'yeux que réclame
la vigueur du sujet. Pour former ses quenouilles, il emploie
un procédé connu des bons arboriculteurs, qui consiste dans
la disposition suivante : on assujettit d'abord la tige de
l'arbre à un solide tuteur; tout autour on fiche en terre, et à
une certaine distance du pied, six grandes gaules qui vont se
rejoindre au sommet du tuteur et au-dessus de la flèche de

l'arbre ; on les y maintient par un lien ; des baguettes sont attachées par un bout au tuteur, par l'autre à l'une des gaules de la circonférence, ce qui forme six ailes d'espalier fort régulières sur lesquelles on attache , à mesure qu'elles poussent, les jeunes branches destinées à former les membres de l'arbre, qui prend ainsi la forme gracieuse d'un pignon conique, entre les ailes duquel l'air et le soleil pourront librement pénétrer. M. Verrier , rempli de zèle pour son art et d'une instruction peu commune, deviendra, si je ne me trompe, un homme éminent dans sa profession. Il a assaisonné les bons conseils que je viens de consigner ici de plusieurs paquets de graines renfermant de la semence des plus beaux légumes obtenus sur ses cultures.

J'ai porté beaucoup d'attention aux constructions en pisé si communes dans cette partie de la France : on devrait , je pense, les adopter partout où l'on n'a pas la pierre en abondance et à sa portée, les charrois entrant toujours pour beaucoup dans les frais de bâtisse. La journée des maçons qui font ce genre de travail est de 2 fr. 50 centimes à 3 francs. On était en train de construire, autour des jardins, des murs en pisé ayant 4^m,50 de haut et payés à l'entrepreneur à raison de 1 franc le mètre cube. Pour les maisons à plusieurs étages le prix du mètre cube est de 2 fr. 50 centimes. Je tiens de M. Nivière que, pour bien faire, on ne devait pratiquer les ouvertures, dans les constructions en pisé, que lorsqu'il était bien sec, et alors les revêtir en briques. Il a fait venir de Charleroi un briquetier qui lui confectionne de grosses briques au prix de 20 francs le mille. Un maître charpentier, entrepreneur de pisé, avec qui j'ai causé au centre de la Dombe, m'a appris que 6 mètres courants de pisé, d'une épaisseur de 0^m,50, dans un bâtiment de 8 mètres de hauteur, se payaient, dans cet endroit, 7 francs, et qu'un mur de clôture de 3 à 4 mètres de haut coûtait 5 fr. 50 centimes par 6 mètres courants. La terre que l'on emploie à la Saulsaie pour faire le pisé contient une assez grande quantité de petits cailloux : on m'a affirmé que les rats et les souris ne pouvaient pas se loger dans du pisé bien fait.

M. Nivière espère pouvoir se débarrasser des eaux provenant du drainage des étangs qui se trouvent trop encaissés pour qu'on en obtienne, sans de trop grands frais, l'écoulement à ciel ouvert, et parvenir, au moyen de *boitouts*, à conduire ces eaux dans la couche de cailloux et de graviers contenue dans la partie inférieure du sol qui donne l'eau aux puits de la Dombe.

Les anciens prés que j'ai vus à la Saulsaie m'ont paru d'une excellente qualité sous le rapport des plantes qui y croissent et au nombre desquelles il se trouve beaucoup de légumineuses; ils produisent, quoique n'étant pas irrigués, de 3,000 à 4,000 kilogrammes de foin par hectare. On compte en créer une grande étendue sur des fonds d'étangs, et qui pourront être irrigués depuis octobre jusqu'en avril.

M. Laurent Nivière, fils aîné du directeur de la ferme régionale, a loué une propriété contigüe à la Saulsaie se composant de trois fermes assez bien bâties; dans l'une d'elles le propriétaire a fait arranger, pour le logement du nouveau locataire, un petit appartement composé d'une salle à manger, d'un petit salon, d'une chambre à coucher, d'une cuisine et d'un cellier. La même ferme a d'assez belles étables pour dix-huit bœufs et quatre vaches. Une des deux autres sert de bergerie pour trois cents bêtes à laine, et la troisième recevra les élèves de la race bovine et des poulains. Voici maintenant les conditions de cette location : M. Laurent Nivière donnera au propriétaire la moitié de sa récolte en grains et en Colza. Les produits des bestiaux sont entièrement réservés pour le fermier, qui n'a trouvé pour tout cheptel dans la propriété que quatre bœufs et deux vaches dans chaque ferme et point de moutons. Les métayers avaient, en outre, quelques vaches et élèves leur appartenant. La récolte du Froment de l'un de ces domaines occupant 6 hectares à la sortie du métayer n'a rendu au propriétaire, après que l'on en a eu défalqué un cinquième pour payer les moissonneurs et batteurs, que 250 litres, pas seulement la moitié de la semence employée sur 3 hectares. En prenant un arrangement avec l'un des métayers qui sortait un an

avant les deux autres, M. Laurent a pu semer sur une jachère 1 hectare et demi de Froment et 3 hectares de Seigle,
qui ont produit une récolte assez bonne, quoique n'ayant
pas été fumés. Il a mis à sec 40 hectares d'étangs et y a semé
de l'Avoine qui y est venue de la plus grande beauté, tant
pour la hauteur que pour son épaisseur ; je pense qu'elle
donnera de 46 à 50 hectolitres par hectare. M. Laurent se
propose de lui faire succéder du Froment dans les meilleures
parties de ces deux étangs et de mettre du Seigle sur le reste.
sans chaulage ni fumure. Depuis la Saint-Martin il avait fumé
12 hectares à raison de 35,000 à 40,000 kilogrammes par
hectare et les avait ensemencés en Vesces auxquelles devait
succéder une semaille de Froment. Cette terre avait été chaulée, il y a quelques années, à la dose de 100 hectolitres par
hectare, moins 3 hectares qui venaient de recevoir cet amendement pendant l'année courante. L'usage de ce pays est de
faire payer au métayer la moitié de la chaux, qui coûte, dans
cette localité, 1 fr. 70 cent. l'hectolitre : c'est beaucoup plus
cher que dans les pays que je venais de traverser.

M. Laurent Nivière ne disposant que d'un faible capital
n'a pu acheter de moutons ; il y a bien, dans l'une de ses
fermes, trois cents moutons, mais ils appartiennent à un propriétaire du voisinage qui lui paye 300 francs pour pouvoir
leur faire pâturer les chaumes et friches de ce domaine et
60 francs tant pour le logement du berger que pour le loyer
des deux excellents jardins de cette ferme. Le propriétaire du
troupeau achète de M. Laurent du fourrage et des litières ; il
lui paye une certaine somme pour labourer et ensemencer
avec des déchets de grains une certaine quantité de terre en
friche qu'il convertit ainsi en pâturage pour ses moutons ;
tout cela vaudra à M. Laurent de 600 à 700 francs et de plus
le fumier du troupeau.

M. Réville, élève de M. Nivière et chef de culture sur la
ferme régionale, dont les appointements sont de 1,200 francs
et la nourriture, a, comme M. Laurent, loué, au même propriétaire et à de pareilles conditions, une ferme que je visitai

avec lui le 31 juillet. Cette ferme, dont il avait pris possession à la dernière Saint-Martin, se compose d'environ 105 hectares, dont 7 en prés, 33 en étangs et le reste, c'est-à-dire 65, en terres. Le cheptel qu'il a pris n'a été estimé que 500 francs, tandis que celui de M. Laurent, placé sur le double d'étendue seulement, a une valeur de 2,500 francs.

M. Réville n'avait encore pu ensemencer qu'un hectare environ en Vesces et autant en Navets après les avoir bien fumés; il avait fait 8 hectares de Trèfle sur les grains d'hiver du métayer sortant, dans une terre chaulée légèrement il y a quelques années. Ce Trèfle promettait de prospérer. Son intention était aussi de semer du Froment sur une jachère de 6 hectares fumée dans la proportion de 40,000 kilogr. à l'hectare.; et, sur une jachère de 12 hectares d'anciens étangs, du Seigle sans aucune fumure. Ce jeune cultivateur avait le projet de mettre à sec ses deux étangs dès qu'ils auraient été pêchés; et il espérait en obtenir de belles récoltes après toutefois les avoir chaulés. On entrevoyait aussi la possibilité d'établir, sur une partie de ces fonds d'étangs, des prés susceptibles d'être irrigués en hiver.

Je vis sept hommes occupés à nettoyer le grain des dernières gerbes de céréales d'hiver de la ferme; ce travail se faisait sur une aire établie en plein champ, à côté de la ferme, et M. Réville me fit, comme il suit, le compte de ce qui revenait au propriétaire pour sa part sur la récolte des grains d'hiver. Le métayer avait semé 20 hectolitres de Seigle dans 10 hectares de terre; le produit avait été de 70 hectolitres, mais comme il faut retrancher pour frais de moisson et de battage un cinquième de cette quantité, c'est-à-dire 14 hectolitres, il n'en restait plus que 56, desquels il fallut encore retrancher 20 hectolitres représentant la semence, ce qui réduisait le produit effectif à 36 hectolitres, dont 18 pour le propriétaire.

Dix autres hectares avaient été ensemencés avec 21 hectolitres de Froment, et ils n'avaient rendu que 40 hectolitres, pas même deux fois la semence! Défalquant 8 hectolitres pour récolte et battage, il restait 32 hectolitres dont il fallait encore retrancher **21** hectolitres, quantité mise en terre ; il n'y avait plus à partager à titre de produit que **11** hectolitres, soit 5 et demi pour le propriétaire.

Peut-on concevoir que l'on fasse d'aussi chétives récoltes dans une ferme dont les terres ne sont pas mauvaises, contenant **7** hectares de bons prés et **33** en étangs ; dont le bétail a de plus le droit de pâture dans **14** hectares de taillis, quatre ans après leur coupe ? C'est ce qui faisait dire à M. Nivière, avec beaucoup de raison, que de jeunes fermiers qui viendraient louer des fermes de **100** à **200** hectares, adjacentes à celles dont les étangs ont été détruits, seraient sûrs de faire de bonnes affaires, lors même qu'ils ne pourraient disposer que de **15** à **20,000** francs, et il a la certitude que les propriétaires voisins loueraient aux conditions que je viens de faire connaître. Il serait donc à souhaiter que de jeunes fermiers intelligents, possesseurs de ce mince capital, vinssent visiter la Saulsaie et les deux fermes dont il est ici question ; il est très-probable qu'en voyant les résultats obtenus par MM. Laurent Nivière et Réville ils se décideraient à se fixer dans ce pays, ce qui étendrait encore le cercle des terres de la Dombe conquises à la salubrité et à l'abondance. Tout autour de la Saulsaie, l'aspect du paysage est assez agréable, il s'y trouve de jolis petits bois et de bons prés. De là, on découvre les montagnes qui bordent la Saône et le Rhône ; il n'y manque qu'une rivière et de beaux arbres pour que ce soit un pays fort habitable.

En partant de la Saulsaie, je fus rejoindre la diligence qui conduit de Lyon à Bourg, ce qui me donna l'occasion de parcourir la Dombe dans le sens de sa plus grande étendue. Presque partout, les terres m'ont paru fort bonnes et très-profondes ; mais la surface de ce malheureux pays étant aux deux tiers recouverte d'étangs, tous ses riches propriétaires vivant ailleurs n'y apportent, par conséquent, ni argent ni bons exemples. Les fermiers généraux et les régisseurs, qui ont intérêt au maintien de ce déplorable *statu quo*, parce qu'ils en savent tirer parti, font aux propriétaires un tableau peu flatteur de ces terres, les leur dépeignant comme fort ingrates et, par conséquent, tout à fait impropres à leur donner de meilleurs produits. Il est donc à craindre que ces étangs, d'autant plus pestilentiels qu'ils sont généralement peu profonds, ne retardent encore pour longtemps, sur cette vaste étendue, l'essor de la population et la fertilité qu'elles sont susceptibles d'acquérir.

Ayant couché à Bourg, je me rendis dès le matin au château de Cornaton, propriété de M. Tronchin, habitant de Genève. 250 hectares de terre entourent cette résidence, et le propriétaire les fait valoir en en confiant la culture à M. de Westerweld, jeune ingénieur allemand qui est devenu son métayer. Le propriétaire a fait construire une jolie ferme, il en a peuplé les étables de belles vaches fribourgeoises et schwitz, et les écuries de belles juments de travail. Dans la porcherie, il a remis les deux meilleures espèces de cochons anglais. Il y a aussi un troupeau de bêtes ovines, mais je ne l'ai pas vu.

On se sert, ici, d'une mauvaise imitation de la charrue de Dombasle ; on emploie aussi les bœufs au travail, et l'on fait usage de tombereaux à un cheval. M. et Mme de Westerweld étant absents, ce furent le maître valet, qui est Suisse, et un vacher, du même pays, qui me firent voir les cultures. Elles étaient couvertes de belles récoltes de plantes sarclées, de magnifiques pièces de Trèfle, et d'une quantité considérable de prés irrigués nouvellement créés par M. de Westerweld. Ces prés ont le plus grand besoin d'être drainés ; aussi ces messieurs ont-ils fait venir de Paris une machine à confectionner les tuyaux de terre cuite, et l'ont confiée à un tuilier des environs de Bourg pour leur en fabriquer cent mille. Ils s'occupent donc très-sérieusement de cette importante amélioration. Ils avaient découvert récemment, dans un grand étang converti en prairie, une couche considérable de tourbe, dont ils faisaient faire des composts en les mélangeant de fumier et de chaux.

M. Tronchin possède encore d'autres fermes. Il en a loué une à M. Patry, beau-frère de M. de Westerweld. Je suis allé voir ce jeune agriculteur, qui m'a fait visiter avec beaucoup de complaisance une partie de sa culture, qui ne s'étend que sur une quarantaine d'hectares, ce qui est fort prudent pour un commencement d'exploitation. Son bail n'est que de neuf ans, ce qui ne lui permettra pas de faire de sérieuses améliorations; aussi demande-t-il au propriétaire de lui faire drainer ses terres, dont le sous-sol est imperméable, dépense dont il propose de payer l'intérêt, mais M. Tronchin ne consent qu'à lui fournir les tuyaux, et prétend laisser au fermier le reste de la charge. Cette dernière condition ne serait raisonnable qu'avec un bail de dix-huit ans au moins. Contrairement aux habitudes de son beau-frère, M. Patry fait beaucoup de Maïs à graine. Ni l'un ni l'autre ne font de Maïs-fourrage. Les champs de Maïs de M. Patry sont parfaitement sarclés, mais il n'en est pas ainsi de ses Féveroles. J'ai eu l'occasion de faire la même remarque sur la culture générale de ce pays. La famille de M. Patry est en partie fixée à Liverpool, et ce jeune homme, qui parle le français avec une grande facilité, m'a dit être Anglais. Comme il me parlait du projet qu'il avait formé de voyager sur les bords du Rhin pour s'y perfectionner dans les pratiques de l'agriculture, je l'engageai fortement à visiter de préférence les agriculteurs anglais, et les écossais surtout, l'assurant qu'il aurait infiniment plus à apprendre dans ces contrées qu'en Allemagne.

Il est fâcheux que tous les cultivateurs des pays avoisinant le Rhône et la Saône ne connaissent pas l'adresse de la maison de Marseille, à laquelle ils pourraient s'adresser pour obtenir de bon guano du Pérou; après avoir fait en petit des essais de cet excellent engrais, ils se décideraient à en faire venir des quantités suffisantes pour ajouter ce qui manque à leurs trop légères fumures, qui ne leur donnent tout au plus que des demi-récoltes, au lieu de récoltes entières, qu'il est indispensable d'obtenir pour réaliser des bénéfices. Ainsi, en ajoutant à leur fumure de 150 à 200 kilogrammes de bon guano par hectare pour les Froments, ils récolteraient de 30 à 40 hectolitres, au lieu de 15 à 20 ; et, s'ils en mettaient 500 kilog. par hectare dans les jachères complètes qu'ils sont obligés de faire, faute de fumier, pour des récoltes sarclées, ils obtiendraient d'excellentes récoltes de racines, qui, étant bien sarclées, remplaceraient, quant à la propreté, la jachère complète, et en permettant de nourrir un nombreux bétail augmenteraient de beaucoup la masse des fumiers. Leurs prés sont fort peu productifs ; s'ils y en répandaient 500 kilog. , toujours par hectare, ils doubleraient au moins, et tripleraient même souvent, leur récolte habituelle de foin , et de plus en amélioreraient la qualité.

M. Patry m'ayant dit qu'il existait une ferme-école à Pont-de-Velle, distant d'environ 17 kilomètres de chez lui, je m'y rendis. Là on m'apprit que cet établissement appartenait à M. de Parceval, en m'indiquant sa fort belle habitation, où je ne le trouvai pas. Je me dirigeai donc vers la ferme, où l'on m'assura qu'il était dans ce moment. J'avais vu , il y a une trentaine d'années, aux eaux de Plombières, un monsieur de ce nom ; il se trouva que c'était mon ancienne connaissance. Pour me rendre à la ferme, j'eus à traverser un fort beau et vaste parc, où serpentent les deux bras d'une jolie rivière nommée la Velle, qui, au moyen de deux norias qu'elle fait tourner , élève l'eau en abondance à une assez grande hauteur pour bien irriguer de vastes prés et une partie des champs cultivés en prairies artificielles, notamment les luzernières. Chaque noria fait monter 6 hectolitres d'eau par minute à 4 mètres d'élévation, et a coûté 1,500 fr. M. de Parceval est veuf ; il habite cette terre avec son frère, qui n'est pas marié, et avec un jeune homme, leur neveu. Il a édifié, pour la ferme-école qu'il avait demandée et obtenue, une fort belle construction , dont les bâtiments sont distribués de la manière la plus convenable pour leur destination. Les étables sont remplies de bœufs croisés, schwitz et charolais , et de vaches du même sang. Les écuries renferment de bons chevaux, et la porcherie se compose de co-

chons hampshires. 60 hectares de terres, dont quelques-unes
sont fortes, et le reste pour la plus grande partie assez légères, sont soumis à une culture que j'ai trouvée fort bien
dirigée. On venait de terminer un immense hangar destiné à abriter les grains et fourrages ; on y a construit une
bascule pour peser les voitures chargées et le bétail soumis à
l'engraissement. Je n'ai pu savoir le prix que ce hangar-
grange a coûté, attendu qu'il a été fait en plusieurs fois, et
construit avec des arbres pris sur la propriété. Le parc dont
j'ai parlé est planté d'arbres résineux et autres des plus
grandes dimensions ; il y a de fort belles serres.

La localité que je viens de décrire n'est qu'à 7 kilomètres
de Mâcon ; je la quittai pour retourner à Bourg, où je suis
arrivé fort tard et par une pluie battante. J'en repartis le lendemain matin, toujours avec la pluie, par la diligence de
Lons-le-Saulnier. Ce trajet se fait presque en entier par un
pays montueux, parfois très-pittoresque ; de vieux castels, et
des églises surmontées d'élégants clochers, se détachent çà
et là sur les points culminants des collines dont les versants
les mieux exposés sont plantés de bons vignobles. Les terres
de cette contrée sont bien cultivées ; beaucoup de chaumes
sont labourés et ensemencés en Navets ou en Sarrasins :
ceux-ci sont souvent semés en billons séparés par des intervalles que l'on sarcle très-soigneusement une ou deux fois.
J'avais remarqué, dans la Bresse, que beaucoup de champs
contenaient de simples rangs de ceps dirigés en treilles, dis-
tants entre eux de 10 à 13 mètres. Chaque ligne de Vigne
prenait 1 mètre de terrain, et l'intervalle qui les séparait était
cultivé comme les autres champs. On m'a affirmé que les récoltes ne souffraient presque pas du voisinage de ces treilles,
et que la Vigne, pouvant, grâce à cette disposition, étendre
au loin ses racines, donne une grande quantité de vin. Je
suis convaincu que, si cette Vigne était taillée comme on le
fait chez M. Malingié, cela en augmenterait encore le produit.

Je fus coucher à Arbois, et de là me rendis, par Salins, à
Monlorge, terre de M. Charles Jobez, que je n'eus pas le

bonheur d'y rencontrer. Ce propriétaire cultive une grande
ferme de 180 hectares, et possède en ce lieu plus de 100 hectares plantés de sapins. Le sous-sol de ces environs est formé
de roches calcaires de diverses natures, contenant beaucoup
de coquilles fossiles. On y trouve aussi de la marne, et l'on
a commencé à chauler ces terres. Un jeune régisseur, nouvellement préposé à cette culture, m'a fait parcourir cette
propriété, dont la couche végétale est généralement assez
épaisse au-dessus de la roche ou des grosses pierres, et paraît être de la plus grande fertilité; cependant il lui a fallu,
jusqu'à présent, d'énormes fumures pour produire de bonnes
récoltes en grains ou racines. Quant à la plus grande partie
des vastes prés de la propriété, ils ne donnent presque rien
naturellement, et même le produit en foin est encore très-
peu considérable, après une forte application d'engrais. J'ai
vu cinq ou six carrés d'un demi-are, choisis dans les plus
mauvais prés; on leur avait donné du guano, en laissant à
côté une égale surface de pré sans engrais : ces carrés n'a-
vaient point été fauchés comme le reste de la prairie. Les
foins des parties non fumées avaient environ $0^m,08$ de hauteur et étaient très-clairs, tandis que les carrés fumés de guano
à diverses doses, que le régisseur n'a pu me donner n'ayant
pas sur lui ses notes, avaient du foin très-épais et de 20 à
30 centimètres de haut. Néanmoins je doute que l'augmentation de foin produite de cette manière puisse payer, dans
les deux années où le guano fait un grand effet, la valeur de
l'engrais et l'intérêt de l'argent pendant cette période. Je
crois que ce qu'il y aurait de mieux à faire pour ces mauvais
prés, ce serait de les labourer pour y faire une couple de récoltes, de les marner ou chauler pendant cette culture, de
bien fumer et puis de ressemer en pré les parties susceptibles
d'être irriguées. J'ai parcouru avec plaisir un champ d'environ 6 hectares, semé en Betteraves sarclées très-propre-
ment et devenues fort belles; mais il faut remarquer que la
terre avait reçu 80 mètres de fumier avec 600 kilog. de
guano par hectare, et c'est une des plus fortes fumures qu'on

puisse donner, surtout pour une terre d'aussi bonne apparence. Les Froments, les Orges et les Avoines étaient d'une belle venue, mais tout cela était encore à récolter; car le climat de cette vallée, élevée à 1,000 mètres au-dessus du niveau de la mer et entourée d'une immense et magnifique forêt de l'Etat, est froid, et l'époque de sa moisson est tardive. Il se trouve aussi, dit-on, dans cette culture, un fort beau champ de Rutabagas, mais je ne l'ai pas vu. Je pense qu'une grande partie de cette propriété devra être drainée; aussi M. Jobez a-t-il l'intention de faire l'acquisition d'une machine à fabriquer des tuyaux, qu'il confiera à un tuilier des environs pour qu'il puisse lui en fournir.

La ferme n'a qu'un seul, mais immense bâtiment, dont le rez-de-chaussée est presque en entier disposé en étables contenant près de cent têtes de gros bétail de race fribourgeoise ou de celle de Schwitz ; c'est dans cette dernière race qu'on choisit les taureaux depuis quelques années. Cependant M. Jobez en a acheté, en 1851, un de race durham chez M. Tachard, de la Guerche (Cher); ce bel animal était âgé de trente mois au moment où je l'ai vu, et nourri comme son taureau schwitz, avec lequel on l'attelle pour le faire un peu travailler. Le durham est rond et gras, tandis que l'autre est plutôt maigre et efflanqué. Depuis longtemps on éprouve, dans cette ferme, le grave inconvénient de perdre une bonne partie des veaux que l'on y élève. Cette année, ceux qui provenaient du taureau schwitz ou ont péri, ou ont dû être vendus presque tous au boucher. Sur quatorze veaux du taureau durham il en a péri un, un autre a été vendu au boucher à cause de sa mauvaise conformation, et les douze autres viennent fort bien. Les travaux de culture se font presque tous avec les bœufs; on en attelle quatre à la charrue Dombasle, parce que la terre est assez forte. Ce sont les instruments de Dombasle que l'on emploie ici, et l'on y a joint la machine à faner de Smith de Stamford, la meilleure de toutes celles que l'on connaisse en Angleterre. Elle avait fonctionné pendant toute la fenaison avec un grand succès et à la satisfac-

tion de tout le monde. M. Jobez a encore importé d'Angleterre le râteau à cheval de Howard de Bedford, qui a bien
fonctionné dans les prés où le foin avait une certaine longueur; mais, là où le foin était très-court et peu épais, il
passait entre les dents du râteau. Les greniers de cet immense
bâtiment rural forment une vaste grange dans laquelle les
voitures de foin et de grains, attelées de quatre bœufs, cir-
culent sur un énorme plancher qui recouvre les étables; elles
entrent par une porte et ressortent par une autre : toutes
deux sont ouvertes sur le même pignon.

M. Jobez loge dans un cottage assez éloigné de la ferme;
il a près de lui une étable pour des vaches et des veaux.
Il venait de perdre une vache schwitz qui avait été fort belle
et donnait, après avoir vêlé, 32 litres de lait; il y avait un
an qu'elle avait vêlé pour la dernière fois, et la moyenne
du lait qu'elle avait donné pendant ce temps était de 12 litres. M. Jobez, après avoir employé un irrigateur de profession pour exécuter de très-beaux travaux d'irrigation, attendait que ses prés fussent drainés pour continuer ce genre
d'amélioration dans ses prairies.

En me rendant au château de Vannoz, dont vient d'héri-
ter un de mes cousins, M. de Scitivaux, cultivateur distingué
des environs de Nancy, propriété où il passe une partie de
l'été afin d'y faire quelques améliorations, j'ai dû traverser
une magnifique forêt de Sapins appartenant au gouvernement, et dans laquelle se trouvaient des arbres qui se vendent
jusqu'à 300 francs pièce. Cette forêt contient quelques milliers d'hectares; quelques-unes de ses parties sont garnies
d'une si grande quantité de ces beaux arbres, que la superficie de 1 hectare vaut jusqu'à 50,000 francs. Je tiens ce
renseignement de MM. Jobez frères et de Scitivaux. La hauteur et la grosseur de ces arbres ont quelque chose d'étonnant
pour un habitant des plaines de la France. En sortant de
cette forêt, je suivis une longue et riche vallée dans laquelle
on fauchait des prés pour la troisième fois : à la vérité, c'était
pour en faire consommer l'herbe en vert. Le nombreux bé-

tail des fermes de ce pays étant nourri preque toute l'année
à l'étable, il y est placé sur des planchers faits en pierre
de taille ou avec des madriers de Sapin ; aussi les tas de fumier ne sont-ils composés que de fientes ou *bousées* de bêtes
à cornes, qui, n'étant conduites qu'une fois l'an sur les terres,
se trouvent alors considérablement réduites par la fermentation et surtout par les fortes pluies qui délayent et en emmè-
nent une forte partie profitant souvent aux prés, mais qui
s'écoule aussi fréquemment à la rivière, au lieu de servir
à fertiliser les terres. Il manque à ce pays de grandes ci-
ternes ou purinières, que l'on devrait laisser se remplir à
moitié d'urine, à laquelle on ajouterait la même quantité
d'eau, laissant ensuite fermenter ce liquide pendant quelque
temps, pour l'employer à la fertilisation des terres ou des
prés. La fermentation de l'urine mélangée d'eau fait du
tout un engrais aussi actif que l'urine pure. Au dire des
meilleurs chimistes agricoles, elle fait plus que doubler la
propriété ammoniacale. Du reste, les cultivateurs allemands, flamands et suisses avaient depuis longtemps reconnu, par l'expérience, cette précieuse influence de la
fermentation sur les mélanges d'eau et d'urine.

Il n'y a point de charbon de terre dans ce pays ; mais le
bois y est si commun, ainsi que la pierre à chaux, que chaque cultivateur pourrait facilement cuire chez lui la chaux
nécessaire pour ses constructions et pour le chaulage de ses
terres. Cet amendement est encore fort peu employé dans
cette contrée ; cependant il serait fort avantageux pour les
terres fortes et compactes, qui y sont assez communes. Le
drainage y serait également d'une grande utilité, et rendrait, dans certaines terres, des services importants. Les
habitations des campagnards sont spacieuses, et celles qui
ont été construites récemment sont fort bien bâties et de
belle apparence ; elles sont même, à mon avis, souvent trop
grandes, pour l'état de fortune de ceux qui les habitent. Ces
maisons coûtent de 10,000 à 20,000 francs ; la plupart
sont des constructions faites à la suite d'incendies. Ces

sinistres sont très-fréquents dans la Franche-Comté et résultent généralement de l'imprudence des gens qui emploient des chandelles au lieu d'avoir des lanternes pour vaquer aux soins du bétail ; les fumeurs en sont aussi fréquemment la cause. D'un autre côté, comme l'habitation se trouve renfermée dans le même corps de bâtiment que les étables et les granges, un feu de cheminée suffit pour embraser le tout ; ce qui ne tarde guère, les toitures ayant fort peu d'inclinaison et étant formées de planches minces en Sapin, que le soleil dessèche et rend excessivement inflammables. Aussi, dès qu'une maison est en feu, il arrive presque toujours que la plus grande partie du village devient la proie des flammes. On prend le parti maintenant de couvrir en tuile toutes les nouvelles constructions. Dans mon trajet de Salins à Vannoz, j'ai vu deux villages dont la moitié des maisons et l'église de l'un d'eux étaient d'une construction toute récente. A Vannoz, en 1846, le feu a consumé une vingtaine de maisons, ainsi que l'église, et depuis lors il y a encore eu une maison entièrement consumée. Mon cousin m'a cité quatre ou cinq villages des environs comme ayant éprouvé le même sinistre.

L'église de Vannoz, qui vient d'être réédifiée par un architecte de Champagnoles, petite ville à 4 kilomètres de là, est un monument charmant ; les ouvertures ainsi que les voûtes sont d'un fort bon effet, auquel ajoutent encore les vitraux de couleurs. La pierre employée pour la construction de cet édifice, deux autels en marbre et ces mêmes vitraux ont été donnés par M. et Mme de Scitivaux. Le sol de l'église est en asphalte. Elle est surmonté d'un élégant clocher. Le tout, en exceptant ce qui a été donné par mon cousin, a coûté 32,000 francs.

On a peine à concevoir comment d'aussi petits propriétaires peuvent avoir les ressources nécessaires à la reconstruction de maisons aussi grandes et aussi belles, dont les toitures et les basses-gouttes même sont garnies en tuiles plates et ayant les faîtières et les gouttières en zinc ; il est

vrai qu'ils étaient assurés, mais les assurances n'indemni-
sent jamais de la totalité de la perte réelle, et les maisons
brûlées valaient bien moins que celles qui les ont remplacées.

C'est, m'a-t-on dit, la fabrication des fromages dits *de
Gruyères* qui répand l'aisance parmi cette population indus-
trieuse. Il y a une *fruitière* ou fromagerie dans chaque commune ; les fromages que l'on vendait, il y a quinze ou vingt
ans, 60 et quelques francs les 100 kilogr., valent aujour-
d'hui de 96 à 100 francs. D'après les renseignements que
m'a donnés le fruitier de Vannoz, il faut, dans la bonne
saison, 375 litres de lait pour faire un fromage de 32 kilogr.
Cette quantité de lait, dont on a écrémé celui de la veille,
produit, en outre, 6 kilog. de beurre; puis, quand on
a fait un peu réchauffer le lait de beurre, on l'écume et l'on
en retire encore environ 500 grammes d'un beurre de qualité inférieure. En dernier lieu, on remet le lait battu sur le
feu, on y ajoute un peu de vinaigre, et l'on obtient ainsi,
par la coagulation, 12 kilogr. de matière caséeuse, espèce
de fromage blanc nommé dans ce pays *céret* et valant de 20
à 25 cent. le demi-kilogramme.

Les vaches de ces environs, qui ne sont pas fortes, donnent, dans la belle saison, de 7 à 8 litres de lait par jour;
le lait produit par une vache, pendant toute une année,
rend de 100 à 110 kilogr. de fromage. J'ai visité, en 1851,
une ferme d'Ecosse, dont le fermier entretenait, toute l'année, cent vaches du comté d'Ayr; le fruitier qui les soignait
et en prenait le lait payait au fermier, annuellement,
250 francs par tête, soit 25,000 francs pour toutes. A Vannoz, une vache, à peu près de même taille que celles du
fermier écossais, ne donne qu'un produit de 100 et quelques francs. Le fruitier de Vannoz a 300 francs de gages, il
est nourri par le cultivateur, pour le compte duquel se fait
le fromage de la journée; on lui alloue 6 fr. par 1,000 kilog.
de fromage vendus; il s'en vend, en moyenne, 20,000 kilog.
par an, et le marchand qui en fait l'achat donne d'ordinaire,

deux fois par an, 15 ou 20 francs de gratification au fruitier, qui reçoit aussi une indemnité de 10 centimes par tête de vache. Tout cela réuni peut valoir au fruitier de 550 à 600 francs par an, sur quoi il doit payer son aide, quand celui-ci n'est pas un apprenti ; dans tous les cas , son aide est nourri comme lui.

Le maréchal de Vannoz a construit deux machines à battre locomobiles à vapeur, en se faisant aider par un serrurier-mécanicien qu'il a pris à la journée. Les fontes , les chaudières, les tuyaux et les robinets ont été achetés ; le reste a été fabriqué chez lui , et ces deux machines lui reviennent, tout établies , à 5,000 francs chacune, m'a-t-il dit. Il loue chacune d'elles 3 fr. 50 cent. par heure de travail et se charge d'envoyer trois hommes pour la faire fonctionner, lesquels sont nourris aux frais du cultivateur. Celui-ci doit avoir, en outre, à son compte dix-huit personnes, dont le concours est nécessaire pour approcher les gerbes, les délier, secouer, lier et emporter la paille, enfin pour vanner, empocher et monter au grenier le grain battu. On bat ainsi, par heure, de 5 à 6 et, au plus, 7 hectolitres de Froment, dont le battage revient, pour le moins, à 1 franc par hectolitre.

Celui qui le premier a eu l'idée de construire dans cette contrée et d'y louer une machine locomobile mue par la vapeur est un maréchal nommé Lami, demeurant à Louhans, village situé entre Lons-le-Saulnier et Châlon. Maintenant il en possède huit, qui sont employées principalement dans la Bresse et aussi dans la Bourgogne et la Franche-Comté.

La maladie nommée *pleuropneumonie* s'est manifestée depuis quelque temps dans une des fermes de M. de Scitivaux ; elle a déjà enlevé à son malheureux fermier huit de ses plus belles vaches, et il est sur le point d'en perdre encore plusieurs, outre un bœuf qu'il avait déjà vendu à un boucher. Mais, d'après l'usage du pays, toute bête de boucherie achetée par un boucher doit être visitée par le vétérinaire ; celui-ci délivre, s'il le juge à propos, un certificat qui autorise le boucher à acheter l'animal. Le vétérinaire de Champagnoles,

ayant constaté chez ce bœuf un commencement de pleuropneumonie, a refusé le certificat. Ainsi le bœuf reste pour le
compte du fermier, qui va subir de ce côté une perte nouvelle. Cependant les plus savants vétérinaires français et,
avec eux, les populations du nord de la France, de la Belgique, de la Hollande et de l'Allemagne, où cette affection sévit
presque en tout temps, ont reconnu que la viande d'une
bête bovine, abattue lorsqu'elle commence à être atteinte
de la pleuropneumonie, peut être sans inconvénient livrée à
la consommation. Dans tous ces pays, il est d'usage de livrer
à la boucherie tout animal nouvellement attaqué de cette
maladie ; n'est-il pas réellement étrange qu'on laisse subsister
ailleurs une coutume encore en vigueur et en grand honneur
en Franche-Comté ? Cette coutume ruine d'abord le fermier ;
ensuite, comme elle le détermine à vendre ses bestiaux dans
les foires avant que le bruit se soit répandu que la maladie
a envahi ses étables, cela contribue à disséminer l'épizootie
dans tout le pays. Il est certain, en outre, que, si l'a-
nimal nouvellement, par conséquent légèrement atteint
de pleuropneumonie, pouvait être vendu au boucher, le
reste des bestiaux de la même étable pourrait être préservé
de la contagion, qui les frappe tous, au contraire, quand les
animaux malades restent parmi eux jusqu'à leur mort.

Mon parent et moi nous sommes allés visiter M. de Siffredy, qui a commencé, il y a près de deux ans, l'exploitation
d'une de ses fermes contenant un peu plus de 30 hectares.
Il a fort bien disposé ses étables pour une trentaine de bêtes
bovines : les siennes sont de la race du pays ; il leur donne
un taureau de la race suisse de Fribourg. Des cloisons établies aux deux bouts de la mangeoire de chaque bête empê-
chent qu'elle ne soit troublée, dans ses repas, par ses voisines. L'emplacement dont chacune d'elles dispose est large
de 1^m,33. Cette belle vacherie, qui m'a paru fort bien tenue,
est dirigée par un vacher fribourgeois.

M. de Siffredy nous fit voir de très-belles récoltes sarclées
parfaitement propres, de même que ses Froments anglais.

Il eut ensuite l'obligeance de nous accompagner chez un de ses voisins, M. de Prudhomme, ancien magistrat, fixé tout à fait à la campagne, depuis quelques années, pour s'occuper d'agriculture. M. de Prudhomme nous montra de fort jolies vaches nées d'un taureau suisse et de vaches du pays. On emploie dans ce canton une charrue perfectionnée par un maréchal; elle est à tourne-oreille, c'est-à-dire à versoir changeant, armée, par devant, comme celles du pays, d'un appareil destiné à couper, en tournant, les minces gazons de pré que vient de lever le trait de charrue précédent. La charrue du pays est particulièrement appropriée à la préparation pour l'écobuage des prés et herbages par l'enlèvement de leur gazon; elle ressemble un peu à la charrue américaine à versoir changeant nouvellement importée au Conservatoire des arts et métiers. Cette dernière charrue est fabriquée, à Paris, par M. Laurent, rue de Lancry, et, à Nancy, par M. Mexmoron; ce dernier la vend 62 francs. L'américaine est de beaucoup supérieure à la franc-comtoise. Voici l'assolement pratiqué dans ce pays : si l'on a écobué l'herbage qui d'ordinaire occupe le sol pendant quatre ou cinq ans, on sème d'abord un Froment; s'il n'a pas été possible d'écobuer, on laboure et l'on commence par semer une Avoine, après laquelle vient le Froment. On donne une demi-jachère, suivie d'une Avoine, à laquelle succèdent un Trèfle, des Pois, des Vesces ou des Pommes de terre. Vient ensuite un Froment fumé comme l'a été le premier, s'il a succédé à une première Avoine. On sème enfin une dernière Avoine, après laquelle le champ est livré à lui-même pour se couvrir d'herbe. Il reste en cet état quatre ou cinq ans, après quoi la même rotation recommence. Les céréales, en raison de l'humidité du climat et de la nature imperméable du sous-sol, sont toujours pleines de mauvaises herbes, ce qui en rend le produit en grain peu élevé. La paille, très-mélangée d'herbes, est employée, en hiver, à la nourriture du bétail.

Nous avons visité un défrichement entrepris, il y a quelques années, par un petit propriétaire intelligent de ces environs. C'est un mauvais taillis très-clair-semé sur un fond de bonne nature, encombré de très-grosses pierres calcaires d'une qualité facile à cuire et à convertir en une bonne chaux grasse. Le défrichement s'opère en arrachant partout les pierres à environ $0^m,33$ de profondeur. De distance en distance, des fours à chaux sont établis par le procédé suivant : les pierres et les roches sont extraites en formant une excavation ayant au moins 4 mètres de diamètre sur 2 de profondeur. Un mur circulaire, en pierres sèches, est construit au fond de cette excavation ; lorsqu'il atteint le niveau du sol, on le ferme par une voûte construite avec des pierres assez grandes, mais peu épaisses. La voûte étant terminée, on l'entoure d'une palissade de piquets de $0^m,15$ d'épaisseur, longs de 4 mètres et solidement enfoncés en terre à la distance de $0^m,50$ les uns des autres. On relie ces piquets entre eux par des perches flexibles entrelacées comme pour former une haie sèche, ou mieux, comme pour les *gabions* pleins de terre servant au siége des places fortes. Ce clayonnage est garni d'une couche de terre épaisse d'environ $0^m,50$, qu'on exhausse à mesure que le dessus de la voûte est chargé de pierres destinées à être converties en chaux ; elles soutiennent le long du clayonnage la terre qui doit le préserver des atteintes du feu et concentrer en même temps la chaleur du four. A cet effet, on a soin de bien tasser la terre en continuant à élever les pierres à chaux jusqu'au niveau du sommet des poteaux. On donne alors au tas de pierres une forme conique à son sommet, qu'on recouvre de terre, mais en laissant à découvert la pointe du cône, afin que la fumée puisse trouver une issue à travers les pierres. Cela fait, on forme avec des perches une sorte de grille, au niveau du sol, à travers la voûte. Cette grille supporte les fagots de brindilles ou de mauvais branchages employés comme combustible pour cuire la chaux ; les perches formant la grille sont remplacées à mesure qu'elles sont consumées. Six mille fagots de brindilles sont nécessaires pour cuire 36 mètres cubes de chaux, dont le prix est, ici, de 14 à 16 francs le mètre

cube, environ trois fois le prix qu'elle est payée, par **M. Ga**-
lichet, aux environs de Bourges. Mais chez M. Galichet la
chaux est fabriquée dans un four continu chauffé avec des
débris de coke, procédé bien moins dispendieux qu'un four
provisoire chauffé avec des fagots, bien qu'ils se payent, ici, à
un prix très-modéré.

Je me trouvai chez un fermier au moment où il venait de
recevoir son fromage (façon de gruyère) préparé dans la
fromagerie commune (fruitière). Je vis qu'il avait envoyé
chercher le petit-lait, et que, après l'avoir fait chauffer, on
le versait tout bouillant sur du fourrage vert déposé dans de
petits baquets. C'étaient des rations destinées aux vaches laitières : cette préparation se faisait immédiatement avant de
les traire ; un peu de sel était ajouté à chaque ration. Dans ce
pays, de même qu'en Suisse, on met une pincée de sel sur
la langue de la vache au moment de la traire ; on lui en
donne une seconde pincée après la traite, lorsqu'elle s'est
tenue bien tranquille pendant l'opération : cette gratification
leur fait prendre l'habitude de se laisser traire volontiers et
sans opposer de résistance. Depuis l'époque, encore peu
éloignée, où l'on a partagé entre les chefs de famille les terrains communaux susceptibles d'être cultivés, l'usage s'est
introduit de tenir le bétail en stabulation permanente et de
l'y nourrir avec le fourrage vert des prairies, qui sont, à cet
effet, fauchées trois fois dans le cours de la belle saison. La
redevance payée par les chefs de famille pour les terrains
partagés sert à faire face aux dépenses communales. Les communes de ce pays possèdent généralement des bois où l'on
coupe, chaque année, ce qui est nécessaire pour l'affouage
des habitations ; ces bois ont des quarts de réserve qu'on
abat seulement lorsqu'il y a lieu de couvrir des dépenses ex-
traordinaires. Il serait bien désirable qu'on étendît à toute
la France cette mesure du partage des terrains communaux
partout où ils n'ont pas une trop grande étendue. Dans ce
dernier cas, très-fréquent dans les pays à Bruyères incultes,
chaque chef de famille pourrait recevoir d'abord 1 hectare

par bail à long terme, moyennant une faible redevance, à
charge de défrichement et de bonne culture pendant les
trois premières années du bail; à l'époque du renouvelle-
ment, cette rétribution pourrait être augmentée. Le terrain
n'étant pas mis en culture dans le délai prescrit, l'hectare de
Bruyère serait retiré au chef de famille négligent. Le défrichement et la bonne culture de 1 hectare donneraient droit
à la concession d'un second hectare aux mêmes conditions.
S'il restait dans la commune un surplus de terres incultes,
le revenu des Bruyères affermées et défrichées servirait à
boiser ce surplus au moyen de semis de Pins peu coûteux à
établir. Au bout d'une dizaine d'années, les jeunes bois nés
de ces semis fourniraient déjà aux habitants une partie de
leur provision de chauffage; dans la suite, les arbres, devenus grands, augmenteraient le revenu de la commune. Au
Mans et dans plusieurs autres localités, la graine de Pin des
Landes ne coûte que 40 à 50 centimes le kilogramme, et 15 ou
20 kilogrammes de cette graine suffisent pour ensemencer
1 hectare; la main-d'œuvre se réduit à un simple labour
suivi de deux hersages.

On devrait aussi garantir les semis par des fossés de clôture destinés à en exclure les moutons qui, pendant les premières années de la croissance des jeunes Pins, détruiraient
tout. Dans les grandes et fortes Bruyères du Berry, j'ai vu
des bois de Pins maritimes bien venus sur des terrains qui
n'avaient même pas été labourés; on s'était borné à mettre
le feu aux Bruyères, tandis que soufflaient les vents desse-
chants du mois de mars. La graine est semée sur les cendres,
sans hersage, par un temps pluvieux; quoique les jeunes
Pins aient beaucoup à souffrir du voisinage des Bruyères qui,
dans ces landes, en bon fond, atteignent plus de 1 mètre de
haut, repoussent vite et couvrent les Pins pendant plusieurs
années, ceux-ci finissent néanmoins par prendre le dessus.
La transformation graduelle des Bruyères communales en bois
rendrait de signalés services aux communes, surtout à leurs
habitants les plus pauvres, qui, faute de pouvoir acheter du

bois pour se chauffer, commencent par dévaster les bois, et finissent par commettre toute sorte d'autres délits. Je connais dans le centre de la France bien des communes qui possèdent des centaines d'hectares de Bruyères; plusieurs en ont des milliers d'hectares. En Belgique, dans mes divers voyages entrepris dans le but d'étudier l'excellente agriculture de ce pays, j'ai vu plusieurs paroisses qui, après avoir loué une première fois leurs Bruyères communales à très-bas prix à charge de défrichements, les avaient louées une seconde fois à des prix très-avantageux. Avant la première de ces locations, ces paroisses avaient un grand nombre d'indigents; elles sont actuellement dans un état comparatif d'aisance générale.

Je suis allé, dans la compagnie de mon cousin, visiter la très-belle ferme que possède, à une demi-lieue de la jolie petite ville de Champagnoles, madame Muller, propriétaire d'une forge qu'elle fait valoir dans la même localité. La ferme a été construite en entier par madame Muller; nous y avons vu une vaste *bouverie*, voisine d'une vacherie non moins spacieuse, contenant une quarantaine de têtes de bétail, soit vaches, soit élèves. Ces bêtes, pour la plupart fort belles, sont presque toutes de la race suisse de Fribourg. Une machine à battre, établie dans une belle grange, fonctionne au moyen d'une chute d'eau. Des prés fort bien irrigués auraient, comme les champs que nous avons visités, grand besoin d'être drainés. Dans une auberge de Champagnoles, nous avons aussi remarqué six fort belles vaches de la race suisse de Fribourg; plusieurs d'entre elles, étant fraîches de veau, donnent, par jour, de 20 à 25 litres de lait. Les environs de Champagnoles m'ont paru charmants; le paysage est singulièrement embelli par la rivière de l'Ain et ses nombreux affluents.

Le lendemain, nous allâmes à la forge de Siam, chez M. Alphonse Jobez, dont la gracieuse habitation occupe une des plus belles situations qu'on puisse imaginer; elle domine le confluent de l'Ain et d'une forte rivière nommée la Seine.

Après avoir reçu cette rivière, l'Ain change brusquement de direction pour entrer dans une vallée profonde, resserrée des deux côtés par des montagnes couvertes de fort beaux bois. Les magnifiques cascades de l'Ain ajoutent un charme particulier à ce riant paysage. Des Hêtres énormes entourent l'habitation de M. Jobez. Il ne cultive pas plus d'une trentaine d'hectares, sur lesquels j'ai vu de fort belles récoltes. Malheureusement, ses Froments souffrent beaucoup de la rouille ; cet accident, fréquemment renouvelé, le décide à remplacer la culture du Froment par celle de l'Escourgeon. M. Jobez nous a fait voir quinze petites vaches du pays, toutes choisies d'après le système Guénon. Non-seulement elles sont toutes fort bonnes laitières, mais encore elles ont le rare mérite de conserver leur lait presque jusqu'au moment de mettre bas ; il nous en a fait spécialement remarquer une qui, à l'âge de vingt ans, donne encore, après avoir vélé, au delà de 20 litres de lait par jour. Les quinze vaches, de petite taille, ont donné en moyenne, pour une année révolue, 6 litres et demi par tête et par jour ; elles ne sortent jamais de l'étable. Depuis un an, M. Jobez a un fort beau taureau de Schwitz. Il possède environ 600 hectares de bois, dont une grande partie en Sapins. En trois ans, il a vendu pour plus de 300,000 francs de Sapins abattus, sur 80 hectares ; son frère en a vendu, à Montorge, pour 320,000 fr., provenant de 50 hectares. Ce produit ne peut être obtenu qu'au bout de quatre-vingts ou quatre-vingt-dix ans; mais par des éclaircies, renouvelées avec soin tous les dix ou tous les quinze ans, on se procure, en outre, un petit revenu. Les forêts de l'Etat sont aménagées à une période encore bien plus longue.

Depuis que M. Jobez sait qu'il faut fournir aux truites de petits poissons pour les nourrir, il les conserve assez longtemps dans un réservoir que traverse un filet d'eau vive.

L'étendue des fermes de ce pays ne dépasse pas, en général, 40 à 50 hectares. Dans la commune de Vannoz elles ne sont louées que 35 francs l'hectare, quoique les terres arables et les prairies y soient d'excellente qualité; mais le drainage leur serait éminemment utile. Un grand obstacle à la bonne culture de ce pays, c'est qu'en général les fermiers manquent du capital nécessaire pour entreprendre l'exploitation d'une ferme. Pour en venir à bout, il leur faut réunir les ressources de plusieurs ménages d'une même famille. Parmi ces ménages, les uns ont beaucoup d'enfants en bas âge, les autres en ont moins ou n'en ont pas du tout; il en résulte de telles complications d'intérêts qu'on s'entend difficilement, ce qui empêche de tirer de la ferme le meilleur parti possible. Si l'un des frères, plus intelligent que les autres, veut faire quelque amélioration, les autres s'y opposent; aussi la culture reste-t-elle stationnaire. Souvent les céréales se succèdent quatre ans de suite; puis le sol, fatigué et sali, est abandonné à la mauvaise herbe, qui s'en empare simultanément et le convertit en pâturage.

M. de Scitivaux nous a conduits, M. Jobez et moi, à sa terre de Châtillon, à environ 30 kilomètres de Vannoz. La plus grande partie du pays entre Vannoz et Châtillon n'est pas, à beaucoup près, aussi belle ni aussi fertile que le pays entre Champagnoles et Salins. L'aspect change sur le territoire de Châtillon, qui occupe une colline conique couronnée d'une belle ruine. Le sol, calcaire et marneux, est naturellement fertile, bien qu'il soit cultivé avec encore plus de négligence qu'à Vannoz. Des fenêtres de l'habitation de M. de Scitivaux on découvre une vue admirable; par un temps clair on aperçoit le mont Blanc.

Nous avons fait l'essai de la charrue américaine à versoir changeant, que M. de Scitivaux a fait venir de Nancy. Dans un sol gras et humide, et dans un autre très-caillouteux, qui n'avait jamais été labouré si profondément que dans cette épreuve, la terre a été parfaitement versée par cette charrue; sa solidité est extrême, car dans la fabrique de M. Mexmoron-Dombasle on l'a rendue beaucoup plus forte. Elle l'emporte, sous ce rapport, sur les charrues de ce modèle, importées d'Amérique, que j'ai vues soit à Londres, soit au Con-

servatoire, soit chez M. Gilbert de Vielleville près de Grignon.
Je pense que pour toutes les terres naturellement saines ou
assainies par le drainage, qui, pour bien faire, devraient
être labourées tout à fait à plat, sans y laisser subsister aucune raie ouverte, cette charrue, la meilleure que je connaisse pour ce genre de labour, devrait être adoptée. Elle a,
de plus, l'avantage du bon marché ; prise à Nancy, elle ne
coûte que **62** francs. La même, un peu plus légère, est livrée
par M. Laurent, rue de Lancry, à Paris, au prix de **50** fr. ;
elle doit aussi se trouver chez M. Hamoir, fabricant de sucre,
à Valenciennes. M. Jobez, de Siam, près Champagnoles, en
a été tellement satisfait, qu'il va la faire copier pour son exploitation ; elle est aussi très-bien adoptée au labourage des
terrains en pente.

Le **14** août, je quittai mon parent, M. de Scitivaux, pour
me rendre à Lons-le-Saulnier. Presque tout le temps que je
viens de passer en Franche-Comté a été excessivement pluvieux, au point d'empêcher de faire la moisson. J'ai observé
des grains germés dans les épis encore sur pied. C'est dans
de telles circonstances atmosphériques que les *moyettes* nor-
mandes eussent été d'une utilité inappréciable ; malheureusement l'usage n'en est encore connu que dans un petit
nombre de localités.

Tandis que j'attendais, à l'auberge, la diligence, qui devait
m'emmener à Lons-le-Saulnier, l'aubergiste me fit voir un
étalon approuvé pour la monte, et deux baudets reproducteurs pour la multiplication des mulets. Ceux-ci, m'a-t-il
dit, ont plus de clientèle qne l'étalon. La saillie est payée
7 fr. ; les jeunes mulets se vendent **200** à **300** fr. au moment
où ils peuvent être sevrés. Pendant le voyage de **24** lieues
parcouru dans la journée d'aujourd'hui, de Lons-le-Saulnier à Châlons et de Châlons à Seurre, j'ai encore vu sur
pied beaucoup de céréales de printemps. En parlant de
Lons-le-Saulnier, le pays, jusqu'à **6** lieues au delà de cette
ville, m'a paru bien cultivé : la culture de Colza y est très-
répandue. Je n'ai vu ensuite, jusqu'auprès de Châlons, que

des terres généralement froides et assez mal cultivées. Le bétail y est médiocre; ce pays gagnerait infiniment par le drainage. De Châlons à Seurre, faute d'autre place disponible, ayant voyagé sous la bâche de l'impériale de la voiture, je n'ai pu juger de l'état du pays.

La ville de Seurre est bâtie sur les bords de la Saône, dont la vallée contient d'immenses prairies ; ces prairies viennent d'être submergées pour la seconde fois cette année : les regains sont gâtés comme l'ont été les foins. Un batelier, mon compagnon de voyage sur l'impériale, me dit qu'il arrivait d'Alsace avec des bateaux chargés de foin, au compte d'un maître de poste de ces environs. Les bateaux avaient mis huit jours à parcourir ce trajet.

Je me rendis de Seurre au château de Broin pour visiter un de mes anciens camarades de la garde royale, **M. de Broin**; mais il n'était pas chez lui. Pendant le trajet de **12** kilomètres, de Seurre à Broin, le pays s'est montré sous un aspect agricole assez favorable. Tous les champs qui venaient de porter des céréales étaient ensemencés en Colza, Vesces ou Navets. Ici, le Colza est admis dans l'assolement triennal; on le sème à la volée, après la récolte du Froment : le sol a reçu, pour cette semaille, une abondante fumure. Dans les prés qui bordent la Saône, j'ai remarqué des meules parfaitement établies; afin de les mettre hors des atteintes des grandes eaux, elles reposent sur des piles de bois de chauffage élevées de $1^m,33$. Les charrues en usage dans ce canton m'ont paru fort bonnes.

De Broin j'allai prendre à Nuits le chemin de fer qui devait me conduire à Chagny. Le chemin pour atteindre cette dernière station longe les coteaux qui fournissent les meilleurs vins de la Bourgogne. Les terres en vue du chemin de fer paraissaient assez bien cultivées. De Chagny je suis allé visiter les magnifiques forges du Creusot; de là jusqu'à Autun, je n'ai rien observé d'intéressant en fait de culture. La route traverse un pays montagneux très-peu fertile; j'ai seulement remarqué quelques superbes récoltes d'Avoine

très-voisines d'autres champs fort misérables de la même céréale : je cessai d'en être étonné en voyant de grands tas de
chaux destinés à amender le reste de la même pièce. C'est
une preuve de plus de cette vérité que, pour un bon cultivateur disposant d'un capital suffisant, pouvant donner au
sol tout ce qu'il lui faut, il n'y a pas de mauvaises terres.

Le 17 août, dans la matinée, j'ai visité la culture de
M. Rey, maire de la ville d'Autun : je l'ai trouvé dans sa propriété située à quelques kilomètres; il voulut bien me faire
lui-même les honneurs de son exploitation. Il y a près de
vingt ans qu'il a entrepris de diriger la culture d'une ferme
d'environ 60 hectares, dont 6 en prairies. Il a amélioré ces
prairies par l'irrigation, et il en a doublé l'étendue. Successivement, des champs couverts de genêts et des bruyères sur
un sol très-pauvre se sont transformés en champs couverts
de fort belles récoltes. La perfection de sa culture lui permet
de nourrir une quarantaine de belles bêtes bovines de race
charolaise , quatre chevaux , cent moutons de Crevant
(Berry), enfin une quinzaine de porcs à l'engrais. Je signale
comme un fait remarquable que, pour en venir là, il n'a
employé, en dehors des ressources de l'exploitation elle-
même, qu'un capital de 10,000 fr. Lorsqu'il a retiré cette
exploitation des mains du fermier , elle n'était louée que
900 fr. Il suit un assolement quinquennal : la première sole,
après avoir reçu 50 hectolitres de chaux et 20,000 kilog. de
fumier, porte de fort bonnes Pommes de terre , des Betteraves, des Haricots, des Vesces mêlés d'Avoines; enfin du
Sarrasin commun et du Sarrasin de Tartarie. Cette dernière
variété ne donne guère que moitié du grain d'une bonne récolte de la première ; mais elle a l'avantage de manquer plus
rarement : je suppose qu'elle est aussi plus convenable comme
fourrage vert. —Deuxième sole, Froment. Le produit moyen
est de 18 hectol., soit dix fois la semence, car il sème à raison
de 180 litres par hectare. — Troisième, Trèfle. J'ai trouvé
celui de M. Rey fort beau; eu égard à la qualité de sa terre ;
c'est, je crois, l'effet du chaulage renouvelé tous les cinq ans.

— Quatrième, Froment, avec demi-fumure. — Cinquième, Avoine.

M. Rey emploie pour sa culture six à huit grands bœufs et autant de fort belles vaches ; il fait aussi travailler les jeunes bœufs pour les dresser : ceux-ci, de même que les vaches, ne font que des demi-journées. Il attelle à ses charrues Dombasle deux bœufs, deux vaches, et souvent aussi deux jeunes bœufs pour les habituer aux labours. Sa jolie habitation, entourée d'un jardin dessiné à l'anglaise, a été établie sur un défrichement de Bruyère. L'observation lui a fait trouver le moyen de détruire la petite limace, si nuisible à une foule de plantes pendant leur premier âge. Ce moyen consiste à répandre, la nuit, de la chaux fusée sur le champ infecté de ces mollusques destructeurs. Par leur exsudation visqueuse, les limaces se délivrent de cette première application de chaux ; M. Rey les a vues, dit-il, se frotter contre les mottes de terre pour faire tomber la chaux collée à ce liquide gluant : de sorte qu'au bout de sept ou huit heures elles en sont débarrassées. C'est alors qu'il faut répandre une nouvelle dose de chaux fusée ; les limaces, n'ayant pas eu le temps de reformer une nouvelle provision d'exsudation visqueuse, ne peuvent plus résister à l'action de la chaux, qui les tue.

Parmi les propriétaires des environs d'Autun, M. Rey ayant été le premier à entreprendre de grandes améliorations agricoles, a été nommé président du comice agricole d'Autun. Il y a douze ans qu'il a décidé le comice à établir une ferme modèle pour l'arrondissement ; personne ne voulant se charger de diriger cette exploitation, voisine de celle de M. Rey, il en a pris l'embarras, à condition qu'il pourrait y placer un cultivateur formé chez lui à la pratique d'une agriculture perfectionnée. M. Rey a dirigé cette ferme pendant neuf ans ; elle a été ensuite louée, dans un temps où beaucoup de fermiers renonçaient à la culture à cause du bas prix des denrées, le double de ce qu'elle était louée neuf ans aparavant. Au début de l'entreprise, le comice avait avancé à la ferme modèle un capital de 6,000 fr., qui, joint au cheptel, avait suffi pour mettre la production sur un bon pied. Avant la fin d'un premier bail de neuf ans le capital a pu être remboursé ; quand la ferme modèle est sortie des mains de **M. Rey**, il restait en caisse un bénéfice de plus de 6,000 fr., que le comice se propose d'employer en distributions de primes.

L'ancien assolement du pays consistait en jachère et Seigle ; tout le pays a maintenant adopté l'assolement quinquennal suivi par **M. Rey**, où l'emploi de la chaux joue un rôle prépondérant.

Le petit traité d'agriculture publié par **M. Rey**, qui a bien voulu m'en offrir un exemplaire, m'a paru aussi utile qu'intéressant. Il est l'inventeur d'une petite machine à récolter le Trèfle ; elle consiste en une sorte de grand peigne fixé au bord d'un petit panier : l'ouvrier, tenant ce panier à deux mains, fait à peu près le même mouvement que les faucheurs font pour exécuter leur besogne. Les sommités mêmes du Trèfle, engagées entre les dents du peigne, sont séparées des tiges par le passage de l'instrument, et sont reçues dans le panier. Avec cet appareil, qui ne coûte pas plus de 6 ou 7 fr., un ouvrier peut récolter en un jour 33 ares. Partout où l'on récolte de la graine de Trèfle, il serait avantageux de faire venir d'Autun cet utile instrument. Tandis que j'étais chez **M. Rey**, une commission de cinq membres du comice d'Autun, tous agriculteurs praticiens, est venue visiter ses travaux pour en rendre compte à ses commettants. J'accompagnai ces messieurs pendant quelque temps, puis je pris congé d'eux pour me rendre chez le comte d'Esterno, à son château de la Pelle ; sa propriété, contiguë à celle que je quittais, comprend environ 1,150 hectares, dont près de la moitié en bois. Les 300 hectares de prés irrigués qui en dépendent sont, en grande partie, l'ouvrage de **M. d'Esterno** ; MM. Simon frères, ingénieurs-irrigateurs, l'ont secondé dans cette vaste et louable opération. Ayant ainsi converti en prés irrigués une grande partie des terres arables, il a, pour les remplacer, fait défricher des bois et construire cinq belles fermes. Pour l'exécution de ses grandes améliorations agricoles, il a fait venir un cultivateur belge des environs de Tournai. J'ai parcouru avec M. d'Esterno ses prés irrigués, et j'ai visité ses cinq fermes, récemment bâties; chacune d'elles se compose d'un seul bâtiment : j'en ai mesuré un dont la longueur est de 30 mètres sur 14 de profondeur. L'étable peut loger vingt-quatre bêtes bovines et la bergerie cent vingt moutons. Des toits spacieux reçoivent des porcs qu'on achète tout élevés pour les engraisser. L'usage du pays veut qu'on attelle à une charrue quatre grands bœufs charolais ; deux de ces bœufs, attelés à une bonne charrue belge américaine, laboureraient facilement un sol de cette nature. Par suite de cette coutume, les cheptels comprennent trop de bœufs et trop peu de vaches ou de bêtes d'élève. J'ai vu, chez M. d'Esterno, de superbes Avoines obtenues avec une fumure d'engrais liquide à raison de 30 hectolitres par hectare. Les vidanges, achetées à Autun 90 centimes l'hectolitre, consistent en liquide assez épais pour être étendu dans quatre fois son volume d'eau avant d'être employé. Les terres de ces fermes reçoivent, tous les cinq ans, 50 hectolitres de chaux par hectare ; la nature du sol est, généralement, schisteuse. Un champ, d'une assez grande étendue, de fort belles Betteraves avait reçu 40,000 kilogr. de fumier par hectare. Des domestiques mariés, dont les femmes remplissent les fonctions de ménagères, sont à la tête des fermes ; ils gagnent, par ménage, 60 fr. par mois. Le régisseur de tout le domaine est nourri ; il gagne 1,200 fr. par an.

Les machines à battre de ce pays sont tellement imparfaites, comme le sont, du reste, la plupart de celles dont on se sert en France ; que le battage mécanique ne revient pas à meilleur marché que le battage au fléau.

Les vaches charolaises et celles du Morvan, m'a dit M. d'Esterno, donnent si peu de lait, que leur compte se solde toujours en perte. Toutes les terres arables, sur les co-

teaux qui encadrent sa belle vallée, ont été boisées par semis
ou plantation. Une portion d'une assez grande étendue de
ces prairies aurait eu besoin, comme l'indique son état actuel,
d'un fort chaulage quelques années avant d'être convertie en
prés irrigués ; aussi a-t-il l'intention de labourer les parties
les plus mauvaises, afin de les améliorer. Je pense que la
partie la plus plate de ces prés irrigués aurait besoin d'être
façonnée en planches suffisamment relevées au milieu pour
que l'eau des irrigations fût déversée des deux côtés de la
petite rigole, qui l'amènerait au sommet de chaque planche,
et qu'elle prît son écoulement par les rigoles qui séparent les
planches entre elles. C'est la disposition adoptée en Campine
et dans le pays de Siegen, dont les irrigations servent de
modèle et sont étudiées par les irrigateurs de toute l'Allemagne. Les pentes des montagnes ou des côtes élevées, couvertes de taillis de chêne qui fournissent de l'écorce, sont
soumises à un singulier mode d'aménagement. On laisse, à
chaque souche, des tiges de trois âges différents; un tiers est
coupé à l'âge de dix-huit ans pour être écorcé. A cette époque, un tiers est âgé de douze ans, et le dernier tiers n'a que
six ans de croissance. Je n'ai pas pu obtenir l'explication
des motifs qui ont pu faire adopter un usage qui semble si
bizarre.

M. d'Esterno a créé par semis, il y a quinze ans, un bois
de Pins maritimes; ce bois, m'a-t-il dit, n'a point souffert
pendant les hivers rigoureux qui ont sévi depuis sa création.
Dans les vallées humides de ce pays, les arbres qui croissent
le mieux sont le Frêne et l'Aune. J'avais déjà remarqué le
même fait dans le Jura. Malgré des différences radicales dans
la nature du sol, ces arbres sont de toute beauté dans ces
deux pays.

Les terres un peu considérables des environs d'Autun,
dans un rayon de 15 à 20 kilomètres, se vendent encore
au delà de 1,000 fr. l'hectare, lorsque la moitié environ de
leur étendue consiste en bois de montagne, malgré le voisinage des mines de houille d'Épinac, situées à peu de dis-

tance. Il s'en faut de beaucoup, néanmoins, que les terres arables de ce pays soient d'aussi bonne qualité que celles du Berry, mais la proportion des prairies est ici beaucoup plus forte.

J'appris, en causant avec le jardinier de M. d'Esterno, qu'un chaufournier des environs, qui dirige un four à chaux continu, a essayé, deux ou trois ans de suite, de répandre, sur les fanes de ses Pommes de terre, de la chaux délitée à l'air libre, tandis que ces fanes sont imprégnées d'humidité, en devançant un peu, pour cette opération, l'époque à laquelle la maladie envahit habituellement cette plante. Cet homme a réussi, par là, à préserver du fléau son champ de Pommes de terre. Depuis quelques années, ce jardinier a remarqué que, à l'époque où la maladie s'empare des fanes de Pommes de terre, les planches d'Oignons sont également malades, bien que d'une affection différente; au lieu de rester à peu près verticales, les feuilles des Oignons retombent sur le sol, se flétrissent et se dessèchent, et la plante cesse de profiter. Cette année, cette affection a commencé à se manifester le 10 du mois d'août. Lorsque ce jardinier vint de la Bourgogne, il y a environ vingt ans, dans ce pays, il ne pouvait réussir à y faire croître les plantes crucifères, qui prospéraient, au contraire, dans le jardin à sous-sol calcaire qu'il venait de quitter. Alors il essaya de chauler les planches destinées à la culture des Choux; il en obtint, par ce moyen, d'excellentes récoltes. Il a continué, depuis, à amender avec la chaux, et toujours avec le même succès, les planches qui doivent porter des crucifères, des Haricots et divers autres légumes. Dans l'origine, le mal qui détruisait ses Choux et ses Choux-Fleurs était la même maladie dont les Navets et les Rutabagas sont souvent atteints en Angleterre. Les fermiers anglais nomment cette affection *finger and tooes*, ce qui veut dire *les doigts et le pouce*. En arrachant les plantes en proie à cette affection, on voit comme de petites boules aux extrémités de leurs principales racines; les cultivateurs anglais reconnaissent, à cet indice, que la terre a besoin d'être chaulée ou marnée.

M. d'Esterno m'avait signalé comme un très-habile agriculteur M. de Loisy, membre du conseil général du département. En me rendant à Châlons - sur - Saône, je devais
traverser son immense propriété ; j'avais formé le projet
d'interrompre mon voyage lorsque je passerais à peu de distance de son château, afin de visiter cette vaste et très-
remarquable culture. La pluie qui tombait par torrents,
quand la voiture publique où j'avais pris place passa à
5 kilomètres environ du château de Loisy, me força, à mon
grand regret, de renoncer à cette utile excursion.

La terre de M. de Loisy s'étend sur un plateau très-élevé
au-dessus du niveau de la mer ; elle contient une très-grande
étendue d'anciens bois, presque totalement détruits par le
parcours des bestiaux et réduits à l'état de simples pâturages
couverts de broussailles. La route passait près d'un champ
dépendant de cette propriété ; l'on travaillait à chauler ce
champ d'une grande étendue. Les tas de chaux étaient si
volumineux et si rapprochés entre eux, que jamais je n'avais
vu donner un chaulage à une dose si élevée. J'appris, par le
conducteur de la voiture, que M. de Loisy possède deux
grands fours à chaux sur les bords du canal de la Saône à la
Loire ; il reçoit par ce canal la pierre à chaux et la houille.
Il a fait ouvrir à travers son domaine deux routes, dont la
longueur totale est de 40 kilomètres. Le conducteur ajoutait
à ces faits l'éloge de M. de Loisy, qui occupe beaucoup
d'ouvriers et se montre très-bienfaisant.

Arrivé à Châlons, où je passai la nuit, j'en repartis le lendemain matin pour Dijon, où j'allai rendre visite au maître
de poste, M. Goisset, dont on m'avait vanté le talent comme
agriculteur. La pluie continuelle m'empêcha de visiter ses
terres, je ne pus voir que ses écuries. Elles sont fort belles
et de construction toute récente ; elles contiennent de fort
beaux chevaux. Depuis l'établissement du chemin de fer,
M. Goisset a réduit à quatre-vingt-six le nombre de ses chevaux ; il en avait précédemment cent douze. Ses vaches, au
nombre de vingt-cinq, sont de la race de Schwitz ; il se pro-

pose de leur donner un taureau durham. Ses chevaux,
m'a-t-il dit, consomment en vingt-quatre heures 16 kilogrammes de nourriture. En été, leur ration comprend : bon
foin non haché, 5 kilog. et demi; paille hachée, 5 kilog.
et demi ; Avoine, 3 litres et demi; Seigle, 2 litres et demi,
mesurés avant d'être bouillis; son , 4 litres. J'ai vu mesurer
en ma présence la ration destinée à deux chevaux, pour l'un
des quatre repas qui leur sont distribués par jour. Voici comment on procédait à ce mesurage : deux jointées de Seigle
bouilli pris dans une corbeille ont été ajoutées à 2 litres
d'Avoine; le tout a été recouvert du contenu d'une vannette
à moitié pleine de paille hachée.

En hiver, on ajoute à la ration de chaque cheval 6 kilog.
de Carottes. Les chevaux de M. Goisset, quoiqu'en général
de forte taille, sont, avec cette ration, en fort bon état.
M. Goisset a essayé six à sept hache-paille de diverses fabriques avant d'adopter celui dont il se sert. Il a été fabriqué à
Dijon par MM. Roy et Laurent; son prix est de 120 fr. Un
ouvrier, en travaillant avec cet instrument quatre jours et
demi ou cinq jours au plus, coupe la paille nécessaire pour
la consommation de quatre-vingt-six chevaux pendant une
semaine. La seule charrue qu'il emploie est celle que j'avais
remarquée pour sa bonne construction dans les environs de
Seurre; elle a été portée à toute sa perfection par M. Meu-
gnot, maréchal, à Dijon. La Société d'agriculture lui a dé-
cerné une médaille d'or pour son excellente charrue.

La culture de M. Goisset s'étend sur 160 hectares de terre
calcaire de seconde classe, louée 100 fr. l'hectare; leur distance de la ville varie d'une demi-lieue à une lieue.

En quittant Dijon pour me rendre à Tonnerre, je pris
place dans un wagon à côté d'un voyageur avec lequel je
liai conversation; étant venu à parler de mon voyage en Au-
triche et en Moravie, mon compagnon de voyage me de-
manda si j'avais séjourné dans ce dernier pays. Je répondis
que c'était, de tous ceux que j'avais parcourus pendant cette
tournée, celui où j'avais observé la culture la plus parfaite,

ce que j'attribuai, en grande partie, aux bons exemples agricoles propagés par un Français, M. Robert, propriétaire d'une grande sucrerie ; sur quoi je lui fis, de cette personne éminente, un éloge mérité. — Ce que vous me dites me fait le plus grand plaisir, reprit mon voisin, ce M. Robert est mon frère.

J'éprouvai le plus vif regret de ne pouvoir profiter plus longtemps de cette agréable rencontre. Je partis de bon matin de Tonnerre, où j'avais passé la nuit, pour visiter M. Textoris, qui a entrepris sur près de 200 hectares une culture perfectionnée autour de son très-beau château de Chenay, dans l'espoir d'améliorer la culture de tout ce canton, avec l'aide du temps et de ses bons exemples ; le pays en a grand besoin. On y prend, en effet, bien plus de souci des Vignes que des terres arables. M. Textoris est grand amateur de chevaux ; ses élèves anglais et arabes m'ont paru fort beaux. Sa vacherie, assez importante, contient plusieurs belles vaches suisses de la race de Fribourg, quelques charolaises et des bêtes du pays qui tiennent un peu de la race normande ; il a un taureau de race schwitz. Son troupeau de mérinos est, m'a-t-on dit, de race pure. M. Textoris achète tout le fumier qu'il peut se procurer, à raison de 15 francs la charrette à trois chevaux, qui équivaut, je crois, à 2 mètres cubes. Cinquante voitures semblables de ce fumier ne seraient pas, je pense, une fumure trop forte pour 1 hectare de ces terres devant recevoir une culture sarclée en tête d'un assolement quadriennal. La dépense pour cette fumure serait donc de 750 francs, sans compter les frais de transport et d'épandage ; car cet engrais vient, en grande partie, de Tonnerre, éloigné de Chenay de 6 kilomètres. En supposant qu'une charrette fît trois voyages par jour, elle amènerait sur le terrain 6 mètres cubes d'engrais. Je ne crois pas exagérer en portant à 15 francs la dépense du transport et de l'épandage de ces 6 mètres cubes. Il y a donc 250 francs à ajouter au prix d'achat du fumier, ce qui porte à 1,000 francs les frais de la fumure de 1 hectare pour quatre ans. Si l'on voulait fumer de cette manière une grande étendue, par exemple 25 hectares, soit le huitième de la totalité des terres et prés; l'autre huitième de la ferme devant être fumé avec les fumiers produits par l'exploitation (laquelle, soit dit en passant, fournira, au plus, pour 12 hectares, une fumure de 50 mètres cubes à l'hectare), on serait d'abord arrêté par la difficulté de dépenser tous les ans 25,000 francs en achat de fumier, qu'on ne trouverait pas à acheter; ensuite il ne serait pas facile de disposer, en temps utile, de quatre cent douze journées d'un attelage de trois chevaux, pour amener sur le terrain douze cent cinquante voitures de fumier.

Beaucoup d'entre mes lecteurs trouveront exagérée une si forte dose d'engrais; c'est cependant la quantité qu'il en faut employer, si l'on veut obtenir des récoltes qui donnent un bénéfice, par exemple 50,000 kilogrammes de racines par hectare la première année, 30 à 40 hectolitres de Froment la seconde, de beau Trèfle et des Vesces pour fourrage, occupant chacun la moitié de la troisième sole, et la quatrième donnant encore un très-bon Froment. Un tel assolement constitue une culture alterne, telle qu'elle est fréquemment pratiquée en Angleterre et plus encore en Ecosse. Cette culture ne pourrait se soutenir, si un quart de la sole n'était consacré à la production des racines, base fondamentale de l'élève et de l'engraissement du bétail magnifique de ces deux pays. Ce bétail fournit la moitié de l'engrais nécessaire à cette culture perfectionnée; l'autre est donnée sous forme de guano. En appliquant, la première année, à la récolte sarclée 1,000 kilogrammes de guano par hectare coûtant 300 francs, on aura une récolte de racines au moins aussi belle qu'avec 100 mètres de fumier coûtant 1,000 francs; le Froment, succédant aux racines fumées avec le guano, sera tout aussi beau que le Froment venu sur une fumure d'engrais de bestiaux. Le fumier du bétail de l'exploitation, à mesure qu'il sera produit, sera en partie répandu sur le Trèfle, occupant la moitié de la sole; les Vesces, qui en occuperont l'autre moitié, seront fumées aussi fortement. Le Froment de la quatrième année, surtout celui qui suivra le Trèfle, ne pourra manquer d'être magnifique; les Vesces, qui fatiguent la terre, pourraient être fumées plus largement que le Trèfle qui l'améliore singulièrement.

Ayant exposé mes vues à cet égard à M. Textoris, il les a approuvées et s'est empressé d'écrire au Havre, puis à Nantes, pour faire venir une forte provision de guano. J'ai su par lui, plus tard, qu'au moment de sa demande il n'y avait plus de guano disponible dans ces deux ports; M. Textoris, pour en faire l'essai sur une grande échelle, aura dû attendre de nouveaux arrivages. Je dois faire remarquer que le guano ne mérite pas sa réputation de cherté: tous les cultivateurs éclairés, particulièrement les bons fermiers écossais, le regardent, au contraire, comme le moins cher des engrais qu'on puisse se procurer à prix d'argent; aussi ont-ils renoncé, pour la plupart, à acheter des tourteaux de Colza, des os ou d'autres engrais pulvérulents dont ils employaient de grandes quantités avant d'avoir appris à connaître tout le mérite du guano. L'un des meilleurs fermiers de toute l'Ecosse, M. Dudgeon, de Spylaw, que j'ai l'avantage de connaître, a dit, il y a environ quinze mois, à la Société d'agriculture d'Edimbourg, dont il est membre, qu'il achetait, il y a sept ou huit ans, une énorme quantité d'engrais d'écurie chez les aubergistes de la ville de Kelso, dont sa ferme n'est éloignée que de 3 kilomètres à parcourir sur une bonne route; il payait ce fumier au prix très-modéré de 3 fr. 75 cent. les 1,000 kilogr. Mais, dès qu'il eut reconnu, par divers essais comparatifs, la véritable valeur du guano, il renonça à acheter du fumier d'écurie et n'acheta plus que du guano. Pendant une tournée agricole en Ecosse, en 1851, la plupart des bons fermiers de ce pays m'ont dit qu'ils n'achetaient plus, à titre d'engrais, ni tourteaux de Colza ni os pulvérisés; ils leur ont complétement substitué le guano qui, avec une dépense moindre, leur donne des récoltes égales à celles que produiraient les autres engrais. Je suis allé ensuite visiter, à quelques lieues de Chenay, mon ancien camarade de régiment, le marquis Anjorrant, à son château de Flogny. Ce propriétaire a plusieurs fermes à louer; il ne demande que 30 francs de loyer par hectare. S'il se présentait un bon fermier, honnête homme et habile cultivateur, ayant une nombreuse famille, manquant du capital nécessaire pour bien monter une exploitation rurale et en tirer un bon parti, M. Anjorrant lui laisserait le choix de donner, au lieu de loyer en argent, un tiers net de tous les produits, et le propriétaire fonrnirait le cheptel. La culture, dans cette localité, m'a paru bien arriérée.

Entre Tonnerrre et Flogny, j'ai remarqué, assez souvent, des champs couverts de jeunes Pois; j'ai su qu'ils étaient destinés à être enfouis dans les terres qui sont calcaires, à titre de demi-fumure.

Le 23 août, je partis pour Sens et Villeneuve-l'Archevêque, pour aller, à Vauluisant, visiter la culture de M. Javal. J'ai remarqué, dans ce trajet, que la plupart des terres traversées par le chemin de fer n'ont qu'une très-petite épaisseur de sol végétal dans un fond de grève calcaire; la couche arable n'a pas plus de $0^m,15$ à $0^m,18$, ce qui n'empêche pas l'eau des pluies d'y séjourner, même douze heures après sa chute. Je ne puis attribuer cette imperméabilité qu'au peu de profondeur des labours, le soc n'entamant jamais la couche mince de terre durcie depuis des siècles par le piétinement des attelages et le frottement du cep de la charrue. Il serait à propos de détruire, à titre d'expérience, en opérant en petit, cette couche imperméable, afin de vérifier si les avantages résultant infailliblement de la perméabilité rendue à la terre par un labour profond ne seraient pas neutralisés par l'inconvénient opposé de rendre la terre trop perméable et trop brûlante. Avant d'adopter une méthode nouvelle qui promet d'être avantageuse, il est toujours prudent de l'essayer sur une petite échelle.

Arrivé vers quatre heures à Vauluisant, j'y ai trouvé le régisseur, M. Hartman, ancien employé aux écritures chez

M. Javal : il est devenu un agriculteur aussi zélé qu'intelligent. Ses récoltes de Froment et d'Avoine, fort belles les unes et les autres, ont pu fort heureusement être rentrées avant les pluies diluviennes qui n'ont pas cessé, depuis trois semaines, de contrarier les opérations des cultivateurs. M. Hartman compte pour ses grains d'hiver sur un rendement moyen de 30 hectol. par hectare. Ses récoltes sarclées, y compris le Colza, occupent 12 hectares. Les Betteraves et les Carottes, semées en lignes et tenues parfaitement exemptes de mauvaises herbes, sont fort belles. La ferme comprend 240 hectares, dont les deux tiers sont de très-bonne qualité. Sur cette étendue, la Luzerne occupe environ 40 hectares, le Sainfoin à deux coupes 10 hectares et le Trèfle 20 hectares; ce que j'ai vu de ces prairies artificielles m'a paru fort beau. M. Hartman a adopté l'usage, assez général dans ces environs, d'ajouter à peu près 50 kilog. de sel par 1,000 kilog. de foin mis en meule ou en grange. Vauluisant était autrefois un monastère; l'aile de bâtiment qui en reste forme une belle habitation. Un vaste corridor voûté, conservé de l'ancien couvent, joint à un appentis, constitue une spacieuse bergerie qui loge sept à huit cents bêtes ovines de race mérine ayant un peu de sang dishley. L'exploitation vient d'acquérir à Alfort un fort beau bélier sans cornes ayant moitié de sang de Rambouillet, un quart sang Gros de Mauchamps et un quart sang dishley; ce bélier est mieux conformé que quatre béliers mérinos achetés à Châtillon-sur-Seine. L'année dernière, ce troupeau a beaucoup souffert du *sang-de-rate* : pour le refaire, M. Hartman l'a envoyé dans une ferme dont les terres ne sont pas calcaires; il a décidé le fermier qui cultive cette ferme à envoyer à Vauluisant son propre troupeau, échange qui a parfaitement réussi, au profit des deux troupeaux. A son retour à Vauluisant pour l'hivernage, le troupeau a reçu de fortes rations de Betteraves, et la maladie du sang-de-rate n'a pas reparu cet été. Le bélier a été donné en janvier aux brebis

qui, ayant été changées de pays à l'époque de la monte,
n'avaient pas agnelé en temps ordinaire; leurs agneaux
nés en juin sont beaux et grands pour leur âge, parce que,
depuis l'agnelage, elles trouvent sur les chaumes et les prairies artificielles une nourriture abondante qui leur donne
beaucoup de lait. D'ailleurs, beaucoup de propriétaires de
troupeaux, très-renommés en Allemagne, sont dans l'usage
de faire faire la monte pour faire venir l'agnelage en juin et
en juillet. M. Hartman m'a dit qu'il avait l'intention d'obtenir, désormais, ses agneaux quelque temps avant la moisson. M. Javal a fait construire de très-beaux bâtiments d'exploitation. Dans la vacherie faite pour contenir soixante têtes
de gros bétail, j'ai remarqué un très-beau taureau durham
âgé de douze ans et deux autres dont il est le père ; mais ils
ne sont que de demi-sang. Les vaches proviennent de croisements durham-schwitz, durham-fribourg, durham-cotentin. La station de Sens, la moins éloignée de Vauluisant,
en étant cependant à 30 kilomètres, le lait ne peut être envoyé à Paris; tout le laitage sert à faire du beurre. La comptabilité, tenue à Vauluisant avec un soin minutieux, fait ressortir le prix du fumier à 2 fr. les 1,000 kilogr. La porcherie
de M. Hartman est fort bien montée en porcs du Hampshire;
il en vend les gorets de 12 à 15 fr. la pièce, à l'âge de six semaines. Les journaliers reçoivent en hiver 1 fr. 25 et en été
1 fr. 50; pendant la moisson, ils travaillent à prix débattu.
Les domestiques mâles gagnent de 350 à 400 fr. par an;
les servantes, de 240 à 350 fr. Mme Hartman, bien que Pari-
sienne, est devenue une excellente fermière ; l'année dernière, elle a vendu pour 800 fr. de volaille ou d'œufs, quoiqu'elle eût perdu presque tous ses dindons, par suite de l'affection qu'on nomme ici clavelée ; elle en a, cette année, plus
de cent de la plus belle venue, sans compter cinquante
oies d'une grosse espèce. Elle perdait une grande partie de
ses œufs, en raison de la grande étendue de sa basse-cour;
afin de n'en plus perdre, elle a promis aux domestiques et

gens de journée 10 centimes par douzaine d'œufs qu'ils lui apporteraient ; cette mesure produit le résultat qu'elle en attendait.

M. Hartman a fait, m'a-t-il dit, l'essai de beaucoup d'engrais artificiels, spécialement de celui de M. de Sussex ; le résultat a été négatif. Il a, au contraire, été fort satisfait de l'effet utile des chiffons de laine, du guano appliqué à la fumure des céréales à raison de 300 kilogr. par hectare, de la bourre ou du poil de bœuf mis à raison de 10 mètres cubes par hectare. Il paye ce dernier engrais 6 fr. le mètre cube, pris à 30 kilomètres de Vauluisant ; son effet utile est plus sensible la seconde année que la première.

On emploie ici des charrues Dombasle et américaines ; le surplus des instruments n'a rien de remarquable. Faute de semoirs, les récoltes sarclées doivent être semées à la main. On se sert d'une machine à battre d'un fabricant des environs de Meaux, nommé Papillon. Elle marche au moyen de quatre chevaux, et elle bat en dix heures 30 hectol. de Froment. Dans mon trajet de Tonnerre à Paris, toutes les charrues que j'ai aperçues le long de la route m'ont paru détestables.

Le 16 juin, je suis allé au château de Ferrières, appartenant à M. de Rothschild, pour visiter les belles cultures que dirige M. Campo-Casso, en qualité de régisseur. Cet habile cultivateur a été le premier élève de M. Bella, à Grignon ; depuis il exploita une sucrerie de Betteraves en Lorraine, et dirigea des cultures en Sardaigne, puis en Camargue. Il suit, ici, l'assolement quadriennal dans lequel les racines partagent, avec le Colza, la première sole. Il y a environ sept ans, on avait fait, dans cette propriété, des essais de drainage auxquels il n'a été donné suite qu'en 1850 et 1851. A cette époque, on fit venir de Belgique M. Leclerc, qui passa une quinzaine de jours à Ferrières à tracer des canaux de vidange, des rigoles de drainage, et à former les ouvriers de cette localité à ce genre de travaux. M. Leclerc est un ingénieur qui fut chargé, par son gouvernement, d'introduire dans les diverses provinces belges la pratique du drainage, après avoir été, en Angleterre, en étudier la méthode. Depuis ce temps, M. Campo-Casso lui-même s'est livré à la pratique du drainage, et en a continué l'application sur la propriété qu'il régit. Il avait l'espoir d'en pouvoir faire une centaine d'hectares dans le courant de l'année, et dans cette intention il avait agrandi la tuilerie de manière à y pouvoir fabriquer une quantité considérable de tuyaux, tant pour l'usage particulier de la propriété que pour être vendus aux cultivateurs de la Brie, ce qui favorisera les essais de drainage dans une grande partie des terres de ce pays, qui sont à sous-sol imperméable. Je crois utile de donner, ici, les différents prix de ces tuyaux : ils ont $0^m,31$ de longueur. Ceux de $0^m,03$ de diamètre intérieur se vendent le mille. . . . . 21 francs.

Ceux du diamètre de $0^m,04$.. 24
    —   — $0^m,045$. 28
    —   — $0^m,05$. 35
    —   — $0^m,075$. 50
    —   — $0^m,095$. 70

Les briques de $0^m,22$ de long sur $0^m,11$ de large et $0^m,055$ d'épaisseur, le mille de premier choix. . . 40 francs.

Les mêmes, non choisies. 35
Les tuiles. 25

On a établi, dans cette grande tuilerie, une voie ferrée qui amène la terre à employer, et conduit près des séchoirs les marchandises fabriquées, puis les porte aux fours. L'argile existe dans le sous-sol tout près de la tuilerie ; c'est là qu'on la prend pour la mêler avec de la terre franche et lui faire subir les préparations nécessaires à la fabrication des briques, tuiles et poteries. Cet établissement possède trois machines à faire les tuyaux. La première arrivée fut celle de Hatcher, fabriquée dans la maison Cottam et Hallen, de Londres; elle pousse ses tuyaux verticalement, de haut en bas, comme celle de Clayton, et a, comme elle, une plaque percée de petits trous servant à épurer la terre. L'argile de cette localité contient une multitude de petites pierres ferrugineuses. Cette machine sert encore à confectionner les tubes du plus fort diamètre, car, comme ils sont étirés verticalement, ils ne sont pas sujets à s'aplatir comme dans les machines à étirage horizontal. La deuxième est une grande machine d'Ainslie, fabriquée par M. Laurent, rue de Lancry, à Paris; elle est mue par un manége à quatre chevaux, ayant le grand inconvénient de n'avoir que $6^m,66$ de diamètre, au lieu de 10 qu'il serait convenable de lui donner. Les arcs en fer auxquels on attelle les chevaux sont adaptés sur pivot aux bras du manége, disposition qui permet aux chevaux de tirer également sur leurs deux traits, et leur épargne ainsi des blessures. Ce manége met aussi en mouvement deux malaxeurs servant à bien incorporer l'argile à la terre franche. La troisième de ces machines est plus petite que les autres; elle sort de la fabrique de M. Calla, et coûte 450 fr. La crémaillère et le pignon, en fonte l'un et l'autre, s'étant cassés plusieurs fois, ont dû être refaits en fer forgé. Pour éviter ces accidents, causes d'embarras et de retard dans la fabrication, on doit engager ceux qui font l'acquisition de cette machine à exiger, sauf à payer un peu plus cher, que la crémaillère et le pignon soient, non pas en fonte, mais en fer forgé. Cette machine est la meilleure des trois, de l'avis du tuilier. En effet, un petit homme, peu robuste en apparence, faisait, à la tâche, aidé de sa femme, cinq mille tuyaux par jour avec elle. Comme ils sont rétribués à raison de 90 cent. par mille, ils gagnent, à eux deux, une journée moyenne de 4 fr. 50 c. La terre épurée leur est apportée, mais la machine de Hatcher laisse encore passer de petits graviers qui font déchirer beaucoup de tuyaux, ce qui met les travailleurs dans la nécessité d'en rejeter beaucoup sur la terre à employer; sans cela, ils en feraient encore beaucoup plus. C'est la femme qui coupe les tuyaux au sortir de la machine, qui en moule quatre petits à la fois; ils sont alors déposés sur deux planchettes à deux anses, qu'une autre femme enlève au moyen d'un petit waggon qu'elle pousse devant elle sur des rails passant entre deux rangs de séchoirs, où ces tuyaux sont rangés par une dernière ouvrière.

Cette digression, que je regarde comme d'un grand intérêt, nous a un peu fait perdre de vue les cultures de M. Campo-Casso, qui eut la complaisance de m'accompagner lui-même dans ses deux fermes et sur une partie de ses champs. Il fit sortir de l'étable, pour me permettre de les mieux examiner, deux très-beaux taureaux durhams de couleur blanche, amenés par lui d'Angleterre l'année précédente. L'un de ces animaux, âgé de cinq ans, est excessivement gras. Comme je lui trouvais un mauvais écusson, M. Campo-Casso, qui ne partage pas les idées de Guénon sur cet indice des propriétés lactifères, s'empressa de me dire que la mère de ce taureau rendait journellement ses 24 litres de lait après avoir vêlé. Quoique lourd, ce bel animal est encore très-apte à la fécondation. Quant à l'autre taureau, il est jeune. Je vis aussi deux belles vaches et quatre génisses, toutes de pur sang durham. D'autres vaches, fort belles, proviennent, les unes de croisement durham-schwitz, les autres de durham-cotentin ; d'autres sont tout à fait cotentines.

M. Campo-Casso, lorsqu'il prit cette régie, il y a environ deux ans, y trouva un troupeau mélangé de moutons dishleys mérinos et de southdowns mérinos. Son intention, m'a-t-il dit, est de tenir dans la ferme de Pont-Carré un troupeau à l'engrais, en attendant que ses drainages soient plus avancés, et qu'ensuite il ferait venir d'Angleterre un troupeau de trois cents brebis southdowns. Il avait déjà ramené de ce pays, l'année précédente, deux béliers de cette race, lui ayant coûté, m'a-t-il dit, 50 francs chaque, et dix-sept brebis, à 30 francs l'une. Il me semble impossible d'avoir des bêtes de bonne race à des prix aussi peu élevés.

M. de Rothschild a fait forer plusieurs puits artésiens, n'ayant guère que 30 mètres de profondeur, pour fournir l'eau aux pièces creusées dans son parc ; il doit encore en augmenter le nombre. Le parc, environné de murs, a une contenance de 500 hectares ; la propriété en contient, en tout, 4,000. On dit ses bois magnifiques ; les coupes annuelles produisent de 75,000 à 80,000 francs. Les jardins potagers sont très-vastes et, comme le parc, parfaitement tenus ; ils contiennent beaucoup de serres et bâches, entre autres deux très-grandes serres à Raisin. La maladie de la Vigne y sévit ; mais on en arrête les ravages par des aspersions d'eau de chaux mêlée de fleur de soufre. Le fait est que j'y ai **vu** une quantité considérable de fort belles grappes.

On élève à la faisanderie environ cinq cents faisans, qui sont ajoutés, chaque année, au nombre considérable de ceux qui peuplent les bois de la propriété. J'ai vu, dans cette faisanderie, une belle couvée de cailles amenée à bien par une poule ; il s'y trouve beaucoup d'oiseaux rares de grande taille. Des cygnes blancs et des noirs, des canards de bien des variétés animent les grandes pièces d'eau du parc. Un magnifique chalet a été construit exprès pour y placer la buanderie et la lingerie ; là des jeunes filles de la commune de Ferrières apprennent à blanchir et repasser le linge. Cette commune doit aussi à la munificence de M. de Rothschild la fondation de deux écoles gratuites, l'une pour les garçons et l'autre pour les filles.

Les deux chefs de ferme de cette superbe propriété ont 1,500 francs de traitement et leur nourriture. Le premier jardinier n'est pas nourri ; il reçoit 900 francs ; le premier garde en a 1,000, aussi sans être nourri ; mais ces deux employés sont logés très-bien.

M. Campo-Casso achète une quantité considérable de fumier provenant des chevaux de l'artillerie de Vincennes ; le transport d'une voiture de cet engrais demande une journée entière : ce fumier n'est point très-gras, et je pense que le guano du Pérou le remplacerait avantageusement et coûterait beaucoup moins. La charrue qu'emploie ce régisseur est celle de Grignon, qui, selon lui, demande moins d'efforts de traction que celle de Dombasle : il estime que, avec cette première charrue, un attelage de deux bons chevaux percherons doit suffire pour labourer 18 hectares, et les deux fermes en comportent 350. Je lui ai vu deux rouleaux Crosskill, le semoir Hugues et celui de Grignon, la triple herse de Howard, de Bedford, à laquelle on attelle deux chevaux et qui passe, en Angleterre, pour la meilleure de toutes; plusieurs charrues anglaises, dont cet agriculteur fait peu de cas, et un seul scarificateur du pays. Les fermiers voisins emploient encore la charrue de Brie à trois chevaux. M. Campo-Casso m'a cité avec éloges plusieurs d'entre eux comme cultivant d'une manière fort remarquable. Ce sont M. Montgral, fermier au Génitois, l'une des fermes de la terre Dufour aux Corbins, à 3 kilomètres de Lagny: ce cultivateur a fait de grands drainages sur cette propriété, qui appartient aux hôpitaux de Paris; c'est l'administration qui lui a fourni le capital nécessaire à la réalisation de cette entreprise : M. Chartan, fermier près de Guignes, et M. Demarson, à Nogent, aussi près de Guignes. Je me propose de visiter ces messieurs, l'année prochaine, avant la moisson.

Le lendemain, je me dirigeai, en passant par Château-Thierry, vers le château des Charmelles, pour examiner les drainages que M. le comte de Rougé y avait fait faire par une société anglaise, et qu'il faisait alors continuer par les ouvriers du pays, que les Anglais avaient employés et formés à ce travail. 40 hectares étaient déjà terminés dès l'année précédente. Malheureusement, je ne rencontrai ni M. de Rougé ni son régisseur; ils étaient absents, et ce n'est que de leurs ouvriers que je pus tirer quelques renseignements. Je commençai donc par visiter la fabrique de tuyaux, dans laquelle a été construit un double four dont chacun des deux compartiments a 3^m,66 de long, 2^m,07 de large et 3^m,10 de haut. Le chauffeur trouve ces dimensions défectueuses et assure que ces fours seraient dans de meilleures conditions de chauffe avec 3 mètres de long, 2^m,53 de large et une élévation au-dessus de la sole ne dépassant pas 2^m,66. Il faut une semaine pour enfourner, cuire et défourner 15,000 tuyaux du plus petit modèle, d'un peu plus de 0^m,035 de diamètre, et en même temps la quantité de gros tuyaux nécessaire pour employer les 15,000 petits. Ces tuyaux, qui ont 0^m,33 de long, sont très-bien confectionnés et sont sonores comme des cloches. On ne fabrique point ici de manchons comme à Ferrières. Voici les prix auxquels on m'a dit qu'ils se vendaient :

Les plus petits, le mille. . . . . . . 30 francs.
Ceux de 0^m,05. 35
Ceux de 0^m,08. 40
Ceux de 0^m,10. 50

Je pense que l'on m'a induit en erreur sur ces prix; car les petits sont, proportionnellement, trop chers pour les gros, qui ne le sont pas assez; en Belgique, les tuyaux du plus petit calibre se vendent de 12 à 16 fr. le mille.

La machine adoptée aux Charmelles est celle d'Ainslie, mue, avec le malaxeur, par un manége attelé de deux forts bœufs qui, par la chaleur qu'il faisait alors, tiraient la langue, paraissant chargés d'une besogne au-dessus de leurs forces. Il y en a quatre appliqués à ce travail; on les relaye de trois heures en trois heures : ils font ainsi six heures par jour de ce travail fort pénible; ils reçoivent autant d'Avoine que des chevaux et ne sont pas en mauvais état. Ce qui m'a paru plus parfait dans cette machine que dans toutes celles que j'avais eu l'occasion d'examiner jusqu'alors, même en Belgique et en Angleterre, c'est le malaxeur, que l'on a fait venir de Soissons : il a beaucoup d'analogie avec ceux que l'on emploie à Paris dans les fabriques de poterie, avec cette différence essentielle, qu'il est surmonté de deux cylindres en fonte d'environ 0^m,33 de diamètre, sur lesquels l'ouvrier dépose une pelletée d'un mélange composé, comme à Ferrières, de parties égales d'argile grise et d'une terre franche rouge, qui contient des pierres, dont les plus petites sont écrasées entre les cylindres; quant aux grosses, l'ouvrier les enlève en désengrenant un instant les cylindres, ce qui suspend un instant ce travail sans arrêter les bœufs. La terre, ainsi réduite par les cylindres, tombe dans le malaxeur, où elle se mélange fort bien; ceci fait, l'ouvrier chargé de cette partie du mécanisme l'en retire pour la déposer auprès de l'ouvrier dont la fonction est d'alimenter la machine à faire les tuyaux. On m'a affirmé que, depuis dix-huit mois qu'elle fonctionne, cette machine ne s'était pas dérangée. Pendant le temps assez long où je l'ai vue, en action, je n'ai pas eu l'occasion de remarquer, comme dans les autres, la sortie d'un seul tuyau crevé, que l'on fût obligé de rejeter, comme manqué, sur la terre préparée. Je conclus de mon observation que ce grand perfectionnement tient à l'exactitude avec laquelle le malaxeur de Soissons écrase tous ces menus graviers que laisse passer ordinairement la plaque perforée des machines d'Ainslie, aussi bien que celle de toutes les autres machines analogues; graviers produisant les déchirures ou défectuosités qui obligent à réformer, au sortir de ces machines, un très-grand nombre de tuyaux.

Voici maintenant quel est le personnel employé aux Charmelles pour faire en un jour 5,000 à 6,000 petits tuyaux : 1° un homme pour extraire d'une fosse les deux sortes de terres superposées en couches alternatives et suffisamment humectées; ce même ouvrier arrange en outre, dans une fosse contiguë à la première, la terre qu'y viennent décharger des tombereaux : 2° un ouvrier chargé de prendre la terre sortie de la première fosse et de la déposer sur les cylindres du malaxeur, à la sortie desquels il la reprend encore pour la déposer auprès de la machine à faire les tuyaux; 3° un autre ouvrier prend cette terre, déposée auprès de lui, pour en alimenter la machine; 4° un homme surveillant l'attelage du manége et pouvant aussi couper de longueur les tuyaux à mesure qu'ils sortent de la filière; 5° et 6° deux ouvriers venant alternativement prendre les tuyaux et les porter assez loin, au bout de leurs quadruples bâtons, pour les déposer sur les tablettes des séchoirs : deux femmes ou deux jeunes garçons, qui auraient des planchettes à anses, comme celles de Ferrières, y posant les tuyaux et les emportant sur des brouettes, remplaceraient avec économie ces deux derniers ouvriers; 7° un homme occupé à polir et re-

dresser les tuyaux déformés, à mesure qu'ils sont à moitié
secs, et qui est souvent aidé par le chauffeur du four; 8° le
chauffeur; 9° le charretier approchant la terre; 10° et enfin
le terrassier qui a pioché la terre pour en faire l'extraction :
en tout, dix ouvriers qui sont nécessaires pour cette fabrication. Tout ce monde travaille à la journée, m'a-t-il été dit,
au lieu d'être payé à la tâche, ce qui doit, je pense, augmenter beaucoup le prix de revient des tuyaux.

De là je suis allé visiter les travaux des draineurs, qui venaient, depuis deux jours, de se remettre à ce travail, inter-
rompu par la moisson. Les rigoles étaient creusées à 1^m,16 de
profondeur; leurs ouvertures, moins larges que toutes celles
que j'avais vues précédemment, ne mesuraient que 0^m,33 ou
0^m,35. Le chef ouvrier pose les tuyaux qui ne reçoivent point
de manchons, ouvrage qu'il fait à la tâche, à raison de 5 fr.
le 1,000; une fois ces tuyaux mis en place, il les recouvre
d'une petite quantité de terre qui, se trouvant habituellement desséchée sur le bord de la rigole, reste, en partie , en
assez grosses mottes sèches, ce qui est loin d'être aussi bien
que ce que j'ai vu faire chez M. Garreau, où l'homme de
confiance, chargé de recouvrir les tuyaux de drainage qu'il
avait posés à la journée, faisait tomber dessus, à l'aide d'une
bêche à long manche, un peu de terre argileuse encore humide, qu'il détachait d'une des parois de la rigole; cette
terre souple s'appliquait parfaitement sur tous les tubes, dont
elle prenait la forme au moyen d'un pilon à long manche ,
dont on armait un gamin suivant de près le chef ouvrier,
qui le surveillait dans ce travail. De la sorte, les tuyaux ne
sont pas dérangés de la position où ils ont été placés. Aux
Charmelles, les rigoles m'ont semblé très-bien faites; leur
fond touche, en beaucoup d'endroits, à la craie. On m'a dit
que l'on payait de 10 à 15 centimes, suivant la difficulté de
l'ouvrage, le mètre courant de ces rigoles, façon et remplis-
sage, mais que la pose des tuyaux et leur couverture avec
un peu de terre se payaient à part, et qu'il fallait y travailler
avec beaucoup de suite pour gagner 2 francs par jour. Les

journées se payent, hors les temps de moisson, 1 fr. 75 cent.

Je pense que quelqu'un qui voudrait monter une fabrique de tuyaux pour le drainage ferait bien de visiter préalablement les deux fabriques de Ferrières et des Charmelles : la première, à quelques lieues de Lagny (Seine-et-Marne); la seconde, à 16 kilomètres de Château-Thierry. En imitant ce qui se fait de mieux dans chacune d'elles, il parviendrait à organiser une fabrique plus parfaite que toutes celles du même genre que j'ai eu l'occasion d'examiner, et je ne saurais trop répéter que le malaxeur à cylindres, employé aux Charmelles, en est une partie tout à fait essentielle. Si je devais monter une fabrique de ce genre, je ferais venir ce malaxeur de Soissons; un petit cheval suffirait pour le mettre en mouvement. J'adopterais, je pense, la petite machine de Calla, coûtant 450 francs, qui peut produire de 5,000 à 6,000 tuyaux par jour, entre les mains d'un bon ouvrier et de sa femme, payés à la tâche, à qui l'on n'aurait qu'à fournir la terre toute préparée par le malaxeur. Les tuyaux étant fabriqués d'après cette combinaison, on trouverait encore un bénéfice suffisant en les vendant 16 francs le 1,000.

En me rendant, du château de Chissay par Pontlevoy et par Thenay, au château de la Basme, chez mon frère, dans le département de Loir-et-Cher, ce fut un vrai plaisir pour moi d'apercevoir beaucoup de champs de belle Luzerne; j'y vis l'indice d'une tendance des petits cultivateurs de cette contrée à entrer dans la voie des améliorations agricoles, voie dans laquelle il est à espérer qu'ils ne s'arrêteront pas. D'un autre côté, tout ami sincère de ces améliorations ne remarquera pas sans peine que dans ce pays, où les terres sont saines et assez fertiles, on s'écarte si lentement de la pratique de l'assolement triennal avec jachère complète. J'ai aperçu quelques rares champs de Trèfle et de Pommes de terre occuper une place dans la jachère, ainsi qu'une couple de pièces en Navets d'éteule; mais on n'a pas cultivé un seul champ en Colza dans ces environs, si rapprochés de plusieurs cultures perfectionnées, et surtout de celles de la Charmoise, si féconde en bons exemples. Chemin faisant, le conducteur du cabriolet que j'avais loué à Montrichard me racontait que son patron, maître de poste de cette localité, employait tout le fumier de ses dix-huit chevaux sur 10 hectares de terre labourable, dont l'assolement alterne donne, une année, du Froment, et l'année suivante du Trèfle ou des Vesces ; mais une partie de ces terres, en dehors de l'assolement, produit soit de la Luzerne, soit du Sainfoin. Ce même maître de poste possède aussi 2 hectares 60 ares de Vignes, dont il fume fortement un cinquième tous les ans ; aussi récolte-t-il en abondance du vin et des grains.

Les sept métayers de mon frère cultivent tous un champ plus ou moins considérable en plantes sarclées, et notamment en Choux cavaliers, qui réussissent à merveille et leur rendent de grands services. Le plus habile d'entre eux est un Belge qui est fort entendu en culture ; il obtient, sur des terres payées 300 fr. l'hectare, il y a trente ans, des récoltes aussi belles que celles que j'avais admirées, avec raison, dans le val de Loire : ces récoltes ont été rentrées avant le mauvais temps. Ce même métayer cultive des Colzas, des Betteraves, et fait beaucoup de Navets d'éteule ; il a un taureau trois quarts sang durham et un bélier du troupeau de la Charmoise. Ainsi que les autres métayers de mon frère, il suit l'assolement quadriennal ; mais, autant que l'abondance de son fumier le lui permet, il fait revenir le Froment tous les deux ans. La moyenne de ces deux dernières récoltes de cette céréale a été de 25 hectolitres à l'hectare. Sa ferme est de 70 hectares ; le quart est en prairies artificielles. Il n'occupe que quatre chevaux dans sa culture : ils sont à lui et sont en très-bon état, malgré le travail considérable qu'ils font. Son cheptel, fourni par le propriétaire, est entre eux à moitié perte ou profit ; il se compose de vingt bêtes à cornes et de deux cents bêtes à laine, dont le nombre est réduit, pendant l'hiver, à cent cinquante. Une partie de ses terres n'a pas encore été marnée. La récolte des Pommes de terre paraît avoir encore plus à souffrir cette année que les précédentes ; heureusement pour les cultivateurs qu'il y a dans ce pays deux féculeries placées à 3 lieues l'une de l'autre, qui les payent de 1 fr. 50 c. à 2 fr. l'hectolitre, suivant la détérioration que leur a fait éprouver la maladie.

Je suis allé chez un tanneur qui emploie la plus grande partie de la bourre provenant des peaux de bœufs à fumer ses terres et ses Vignes ; pour fumer 1 hectare, il emploie 13 mètres cubes de bourre bien mêlée avec de bonne terre. Il m'a dit aussi que ceux de ses prés où il semait des cendres de charbon de terre rapportaient infiniment plus de foin que les autres.

On m'a beaucoup parlé d'un riche propriétaire de Saint-Aignan, qui s'adonne à la plantation de la Vigne d'une manière qui mérite d'être rapportée. Il commence par acquérir des terrains convenables à son projet : il en paye jusqu'à 1,600 fr. l'hectare ; il y construit des habitations pour ses vignerons, il améliore les terres achetées en y faisant conduire de la terre végétale prise sur d'autres terrains. Il a déjà 36 hectares de Vignes créées de cette manière, et compte en quintupler l'étendue, afin, disait-il, de pouvoir en laisser 60 hectares à chacun de ses trois enfants. Lorsque j'étais dans cette localité, il venait d'acheter une pièce de terre laissée en friche par son propriétaire, tant elle était difficile à labourer : c'est une terre forte, bien exposée, à la vérité, mais ayant peu de profondeur et remplie de pierres calcaires ; il a donné 15,000 fr. pour 18 hectares de ce terrain, l'a fait défoncer et égaliser à grands frais, et a acheté d'un voisin, moyennant 300 fr., le droit d'enlever toute la terre végétale couvrant un champ de 22 ares. On me citait encore plusieurs autres acquisitions de superficie de terre qu'il avait faites, toujours dans le but de bonifier ses Vignes.

Je suis allé coucher à Écueillé, petite ville à 29 kilomètres de Saint-Aignan, étant dans l'intention de visiter, le lendemain, de grands défrichements de Bruyères entrepris par M. Lhomme, ancien fabricant de sucre, qui s'est associé, pour cette entreprise, à deux de ses amis.

Ces messieurs ont acquis, en 1850, 157 hectares de Bruyères, dont la surface m'a paru être fort bonne, mais dont le sous-sol est imperméable à l'eau. Cette propriété, traversée par une route, n'est qu'à 2 kilomètres d'un chef-lieu de canton; elle a été achetée, m'a-t-on dit, 28,000 fr.: c'est 185 fr. l'hectare. M. Lhomme était absent; son maître valet, homme du Pas-de-Calais, assez intelligent, m'a servi de guide pour explorer cette culture.

M. Lhomme habite avec madame et une seule domestique une miniature de maison qu'il a fait construire. Contre chaque pignon de la maison est appuyée une étable pouvant contenir quatorze bêtes à cornes; comme il n'en a maintenant que le nombre suffisant pour en remplir une, l'autre sert provisoirement de grange. Il n'a, en outre, comme bâtiment d'exploitation, qu'un tout petit hangar où j'ai vu un hache-paille. Ses récoltes, qui sont en meules, ont été fort belles en Froment, Seigle et Avoine de printemps : cette dernière avait été mélangée de Vesces qui n'avaient pas réussi. J'ai vu plusieurs fois cette plante légumineuse prospérer la troisième année après le défrichement. Le Froment avait été moins beau que le Seigle; les Avoines avaient donné 45 hectolitres à l'hectare. Les Colzas, qui avaient été superbes sur le haut des planches et dans les parties saines du défrichement, ont été fort mauvais ou manqués complétement dans les parties humides; ils n'ont donné qu'une moyenne de 12 hectolitres à l'hectare : un morceau de ce Colza, qui avait été repiqué, au lieu d'être semé à la volée, avait produit 23 hectolitres à l'hectare. Dans l'espace de deux ans, on a défriché environ 100 hectares, le tout à la charrue, avec des attelages composés de six bœufs.

Plus je vois de défrichements, plus je suis convaincu que les Anglais sont dans la bonne voie, en commençant par drainer la Bruyère avant d'y mettre la pioche ou la charrue;

et, quoique cela nécessite une assez forte avance, je crois qu'ils en sont complétement indemnisés dès les deux ou trois premières années, par l'économie résultant de la suppression d'une grande partie des difficultés du défrichement. En effet, l'assainissement de ces Bruyères, lorsqu'il n'est que superficiel, exige beaucoup plus de travail de la part du laboureur et des attelages, pour labourer et herser. Il est toujours, dans ce cas, nécessaire d'ouvrir des rigoles à la charrue et de les nettoyer à la pelle ; encore ces rigoles sont-elles loin de prévenir entièrement la stagnation des eaux sur le terrain, car, la superficie des Bruyères étant toujours plus ou moins inégale, il s'y trouve beaucoup de cavités trop profondes pour que ce genre de rigoles en puisse écouler l'eau. Je regardais, par un temps pluvieux, les charrues de la ferme de Terreneuve, labourant un champ défriché depuis deux ans et non drainé, qui, ayant produit une récolte en Seigle et une de Colza, avait, par conséquent, reçu deux labours et plusieurs hersages ; eh bien ! les attelages, composés de quatre bœufs et un cheval en tête, avaient, à chaque instant, des flaques d'eau à traverser. Les laboureurs, pour éviter de se mouiller jusqu'aux genoux et de laisser leurs chaussures dans la vase, abandonnaient les mancherons de la charrue, qui se renversait et ne labourait plus, jusqu'à ce qu'ils les eussent repris ; ces pauvres gens et leurs attelages se fatiguaient énormément, et faisaient une bien mauvaise besogne, avec plus de temps que si le terrain eût été débarrassé, par le drainage, de ces flaques d'eau que l'on y rencontrait à chaque pas. De plus, les Colzas, qui n'avaient été beaux que sur les parties élevées de ce terrain, l'eussent été partout et eussent rendu 20 et quelques hectolitres à l'hectare au lieu de 12. Or l'augmentation de produit des deux récoltes, le surplus d'ouvrage fait et le moins de fatigue éprouvé par les hommes et les attelages eussent assurément dépassé en valeur la dépense du drainage.

Il manque à M. Lhomme un rouleau Crosskill et une herse tournante de Norwége ; ces deux instruments lui faciliteraient

singulièrement ses défrichements et ses ensemencements.
On trouve ces instruments à Paris, chez M. Laurent, rue de
Lancry; à Lens (Pas-de-Calais), chez M. Morelle; à Henri-
chemont (Cher), chez M. Julien.

L'étable était garnie d'auges d'une capacité de $0^m,50$ cubes, la plus convenable pour recevoir la nourriture en fourrage coupé. J'ai vu des Pommes de terre d'une très-belle
grosseur, provenant de la culture des défrichements; malheureusement elles étaient fort attaquées par la maladie. J'ai
regretté de ne pas voir aussi des Rutabagas et des Navets;
ces racines viennent à merveille sur des défrichements de
Bruyère de deuxième et de troisième année, fumés d'un peu
de noir animal. Elles ne demandent d'autre soin que d'être
éclaircies par de forts hersages lorsque la plante est encore
petite, car il ne vient pas de mauvaises herbes sur les défrichements nouvellement faits, et c'eût été d'un grand secours
pour la nourriture des attelages. Le jardin de la ferme est
entouré d'une haie d'Acacias, déjà assez impénétrable; les
légumes y viennent fort beaux; les Betteraves, les Carottes
et les Choux principalement, sont d'une remarquable grosseur.

Je me trouvai, dans la diligence qui m'a conduit jusqu'auprès de Buzançais, à côté d'un entrepreneur d'ouvrages de
pionnerie; j'ai su de lui qu'on lui payait l'écobuage d'un
hectare de Bruyères, y compris l'épandage des cendres,
195 francs, et qu'il recevait 45 francs en plus quand il était
chargé de faire les rigoles servant à l'écoulement des eaux
dans les terrains disposés en planches, rigoles dont le contenu sert à recouvrir l'ensemencement. Cet ouvrier prend
115 francs pour piocher un hectare de Bruyères à tranche
ouverte, et 15 francs de plus pour ramasser et brûler sur
place les grosses racines. On me fit remarquer, entre Écueillé
et Pellevoisin, d'immenses et excellentes Bruyères, couvrant
presque entièrement les terres situées entre ces deux localités, distantes de 12 kilomètres l'une de l'autre. Ces Bruyères

9

sont la propriété de plusieurs communes, et celle d'Eugne
en possède, à elle seule, **3,200** hectares. Elles proviennent,
en partie, de l'ancienne seigneurie de Praut; elles étaient
alors en bois, et faisaient partie de la forêt de Champ-d'Oi-
seau, dépendant de cette seigneurie. Les habitants d'Eugne,
que l'on m'a dits fort misérables, sont au nombre d'environ
huit cents, et ils avaient, au XVIIIe siècle, droit de pâturage dans cette forêt. Comme les herbages des bois ne
sont pas d'une bonne qualité, ils incendièrent **3,200** hectares de cette forêt, et le propriétaire leur fit abandon de
cette portion incendiée, à la condition, par eux, de renoncer
à leur droit de pâturage dans la partie qui avait échappé au
feu. Telle est l'origine du droit de propriété de cette commune sur les Bruyères qu'elle possède aujourd'hui.

La route que je suivais traverse une très-grande terre appartenant à M. de Menou et à son gendre, qui y ont exécuté
de grands défrichements de Bruyères. Je n'ai pas trouvé
M. Lavaux, un excellent cultivateur des environs de Meaux,
chez lui dans la ferme de Corbarion, qu'il est au moment
de quitter, après avoir employé dix-huit ans à transformer
une grande étendue de Bruyères en excellentes terres; il va
habiter une ferme voisine, que son frère, négociant à la Vil-
lette, a achetée, il y a trois ans, pour la lui louer : elle se
compose de **200** hectares, qui seront, pour la plupart, d'une
grande fertilité, une fois drainés et marnés. M. Lavaux devra
y élever d'importantes constructions pour loger le nombreux bétail qu'il entretient sur ses exploitations. Aux
termes du bail de la ferme de Corbarion, la dernière récolte
de ce domaine devait être reprise par le propriétaire, ou le
fermier rentrant, à dire d'experts. Celle du Colza, sur pied,
ayant été évaluée à **14,400** fr. et celle du fumier existant
dans la cour à **5,000** fr., les parties ne tombèrent pas d'ac-
cord; en conséquence, M. Lavaux reprit, pour son compte,
ces récoltes et les fumiers, les rentra dans sa ferme, qu'il
cultive déjà depuis trois ans, et dont les terres vont se

trouver singulièrement améliorées par cette masse d'engrais.

Comme je m'en retournais à Saint-Aignan, je liai conversation avec le propriétaire de la petite diligence que j'avais prise et qu'il conduisait lui-même. Cet homme, fils d'un fermier picard, était venu fort jeune dans ce pays, avec son père, qui y avait loué une ferme et n'y avait pas réussi, à cause du prix trop élevé des fermages. Le fils, au contraire, prospéra en commençant par se faire le conducteur d'une diligence à deux chevaux allant de Saint-Aignan à Tours en un jour, et revenant le lendemain. Ce jeune homme se maria à une femme qui ne possédait absolument rien, et parvint cependant, à force de conduite et d'économie, à devenir propriétaire de cette diligence et à économiser une trentaine de mille francs, dont la majeure partie lui servit à l'acquisition d'une petite ferme située à plus de 4 kilomètres de la ville, et composée de mauvaises terres qu'il améliora avec le fumier de ses chevaux, sur lequel il prélève, en outre, de quoi fumer ses 3 hectares de Vigne. Maintenant qu'il loue ses terres à raison de 26 francs l'hectare, il emploie son fumier à fumer tous les ans un cinquième de ses Vignes, c'est-à-dire 60 ares. Deux chevaux, qui ne font que coucher à Saint-Aignan, lui produisent, chaque semaine, la charge d'une voiture à un cheval de fumier, qu'il a soin de mêler à de bonne terre avant de l'employer. Il venait de planter en Vigne 60 ares de terre, et cette création lui avait coûté, pour les trois années où la Vigne reste improductive, façons et fumier compris, une somme d'environ 1,000 francs. Il m'a affirmé que, pour pouvoir vendre le vin du Cher aux marchands de Paris, il fallait y faire entrer au moins un huitième en Raisin dit gros noir ou teinturier; aussi plante-t-on beaucoup de ce cépage dans les environs de Saint-Aignan. Le vin de gros noir, sans mélange, n'est pas potable ; cependant il se vend deux fois le prix de l'autre, à cause de sa propriété tinctoriale, fort utile pour foncer les vins en couleur. La culture de cette variété exige de bonnes terres, ou tout

au moins, quand la superficie en est améliorée , un sous-sol
argileux. On me citait à ce sujet un vigneron de la rive gauche du Cher, en face de Vineuil, pour avoir récolté, sur
60 ares de Vignes, quarante pièces de vin en Raisin gros
noir. La pièce de ce pays jauge 220 litres. Mon conducteur
m'assurait que ses Vignes, qui sont aussi bien soignées que
des Vignes n'appartenant pas au vigneron peuvent l'être, lui
rapportaient, tous frais défalqués, 15 pour 100 de ce qu'elles
lui avaient coûté. Lui ayant demandé comment il nourris-
sait ses chevaux, qui parcourent tous les jours 24 kilomètres
d'une route très-montueuse , attelés seuls à une diligence à
quatre roues chargée de six voyageurs, il me répondit que
leur ration journalière se composait de 7 kilogrammes et
demi de foin et 15 litres d'Avoine. Ils ont la taille des chevaux de dragons.

De Saint-Aignan je suis allé chez M. du Quesnoy, habitant
à 5 kilomètres environ de cette ville et qui, depuis longtemps,
faisait valoir, par lui-même, une ferme de 60 hectares de
terres arables. Le bas prix des denrées l'a déterminé à y placer un métayer qui, d'après son bail, s'est engagé à ne cultiver que d'après les instructions du propriétaire. Comme
cet homme n'a pour tout avoir que son petit mobilier, ses
deux bras et le travail de ses jeunes enfants, il est présumable
que, dans son intérêt bien compris, il se conformera à cette
clause. Il aura à cultiver 48 hectares partagés en quatre soles,
dont la première sera en Pommes de terre ou Betteraves
destinées à la distillation, la deuxième en Froment ; la troisième sera partagée entre du Trèfle et des Vesces d'hiver et
de printemps ; enfin la quatrième recevra de l'Orge et de
l'Avoine. Il est bien convenu que, dans le cas où le métayer
ne ferait pas en temps opportun ce qui lui sera prescrit, le
propriétaire le ferait exécuter par des ouvriers à son compte
et se rembourserait de cette avance sur la moitié des récoltes
revenant à son métayer , récoltes qui ne peuvent manquer
d'être abondantes, attendu que les terres, naturellement très-
peu fertiles, le sont devenues ayant été fortement fumées et

parfaitement cultivées pendant vingt-cinq ans par M. du
Quesnoy. La clef de la grange contenant toutes les céréales
reste entre les mains du propriétaire, avec qui le colon partiaire
partage le grain quand il est battu, payant, bien entendu, la
moitié des frais de battage. Quant à la paille, le propriétaire
la réserve pour la faire passer au hache-paille, la faire tremper dans les résidus de distillerie et la donner en rations à
tout le bétail que la récolte des racines permettra de nourrir,
et dont le fumier est livré au métayer. Toutes les Pommes de
terre et les Betteraves sont, comme je l'ai déjà dit, livrées à
la distillation, et M. du Quesnoy en paye, à prix courant, la
moitié au métayer. Il s'est aussi réservé 12 hectares de terres,
à la culture desquelles il emploiera le fumier provenant de
huit vaches, sept chevaux ou poulains et des cochons qu'il
élève. Le métayer aura, en outre, pour sa culture le fumier
de ses huit bœufs, de deux chevaux de travail, de quatre cochons à l'engrais et de cent moutons. Ce troupeau doit être
nourri, pendant la belle saison, sur les pâturages et engraissé à l'étable, en hiver, pour le compte des bouchers de
Saint-Aignan, qui payent, pour cet objet, 5 centimes, par jour
et par tête, sans comprendre l'achat du tourteau nécessaire à
l'engraissement. La litière de tout ce nombreux bétail est faite
de Bruyères, que l'on va chercher, à 6 kilomètres de là, sur
une propriété de M. du Quesnoy ; le métayer en fait le transport, et le propriétaire paye le fauchage et le bottelage, qui
revient à 5 francs par cent bottes. C'est encore le métayer
qui est dans l'obligation d'approcher la marne que l'on dépose dans les rigoles destinées à recevoir l'urine des trente
bêtes bovines que les bouchers mettent habituellement à
l'engrais pendant six à sept mois de l'année, et ce fumier est
employé pour ses cultures. Les bouchers payent, pour chaque bœuf, 60 centimes par jour, et 50 centimes seulement
pour chaque vache. Moyennant cette rétribution, on leur
donne 7 kilog. 500 grammes de paille hachée, arrosée des
résidus de la distillation de 12 litres 50 centilitres de Pommes
de terre ou de Betteraves : on les loge et on les soigne aux

frais de M. du Quesnoy; les bouchers font, en outre, les frais du tourteau et de la farine qu'ils font consommer à leurs animaux.

Il y a dans cette ferme un certain nombre de grandes truies de la race du Craonnais, dont les jeunes sont vendus à l'âge de six semaines ou deux mois; les urines de la porcherie sont réunies dans une citerne et servent à arroser les terres semées en crucifères ou en Trèfle incarnat dans la proportion de 120 hectolitres de cet engrais liquide par hectare. Cette urine a, comme le fumier de cochon, la propriété de préserver les jeunes plantes, au moment de leur levée, des ravages des limaces, des pucerons, des courtilières et d'autres insectes nuisibles à ces sortes de récoltes.

M. du Quesnoy ensemence ordinairement, en automne, 1 hectare 1/2 de terre avec un mélange de Trèfle incarnat, d'Orge et d'Avoine d'hiver ; au printemps, il fait, sur une même superficie, un autre ensemencement en Sarrasin, Pois, Vesces, Millet, Maïs et grande Spergule. Ces semailles sont faites à plusieurs reprises, afin de graduer la végétation de manière à ce qu'elle offre plus longtemps de bonnes coupes de ce fourrage en vert, qui procure aux bestiaux une nourriture aussi abondante qu'agréable, à cause de la diversité des plantes qui le composent. La fumure donnée à cette culture fourragère se compose de 25 mètres cubes de fumier par hectare. Après l'enlèvement des fourrages en vert, on fait des Betteraves et des Navets hâtifs, et après la récolte d'Orge d'hiver, que l'on sème toujours dans les meilleures terres et qui donne jusqu'à 65 hectolitres par hectare, on sème des Navets d'éteule.

M. du Quesnoy compte sur une récolte moyenne de 25 hectolitres en Froment; cette céréale est fréquemment atteinte d'une maladie qui transforme un certain nombre d'épis de telle sorte que chaque balle de l'épi, au lieu de contenir du grain, laisse échapper comme une jeune plante de Froment, et la paille qui porte ces épis n'atteint guère que la hauteur d'environ 0^m,30. A mon retour d'Angleterre, en **1847,** je lui avais donné une douzaine de grains de Froment d'York qu'il a multipliés ; il est tellement satisfait du produit de ce Froment, qu'il n'en veut plus semer d'autre ; il m'a dit en avoir récolté dans un champ **35** hectolitres par hectare. Ce Froment a la paille très-roide, ce qui permet de le semer dans les terres les plus fertiles, sans crainte de le voir verser.

M. du Quesnoy fait faucher ses Froments à la journée par ses vignerons, qui ne gagnent à cet ouvrage que **1** fr. **50** c. et une bouteille de vin ; les garçons qui suivent les faucheurs ont la moitié de cette somme et une demi-bouteille. A ces conditions, sa moisson lui revient aux deux tiers de la dépense qu'occasionne celle que l'on fait à la manière du pays, qui alloue le quatorzième hectolitre au moissonneur, et, quand arrive le moment de battre, attribue également au batteur le quatorzième hectolitre du grain battu. Si ces deux opérations sont faites par le même ouvrier, il reçoit alors le septième hectolitre pour prix des deux besognes. La moisson de M. du Quesnoy lui a coûté, cette année, en tout, **500** fr.; et, au prix où étaient les grains, elle lui fût revenue à **750** fr. Les femmes des vignerons glanent après les faucheurs et donnent au propriétaire la moitié des glanes ; elles sont, en outre, tenues à engerber et à retourner les andains, si la pluie survient avant que l'on ait pu rentrer le grain. Ces glaneuses lui ont rapporté, cette année, **5** hectolitres de Froment.

Un batteur en grange de ce pays ne bat guère que de **13** à **14** décalitres de grain par jour ; ainsi, en recevant le quatorzième pour prix de son travail, il ne gagne que **1** fr. **25** c. pour sa journée, en supposant le prix du Froment à **16** fr. **50** c. l'hectolitre, et **1** fr. **50** lorsqu'il vaut **21** fr. c. J'ai vu, non loin de la Quézardière, une machine à battre dont le manége emploie trois chevaux ; il faut quatre hommes et un garçon de quinze ans pour battre avec cette machine **15** à **18** hectolitres de Froment dans une journée de dix heures de travail et pour le passer une seconde fois au tarare. En comptant le loyer des chevaux à 3 fr., la journée des hommes à 1 fr. 25 c. et celle du garçon à 1 fr., cela constitue une dépense de 15 fr., à laquelle il convient d'ajouter l'usure de la machine, et l'intérêt à 10 pour 100 de son prix d'achat, qui ne peut être moindre de 800 fr.; on aura, à ce compte, un battage revenant pour le moins au même prix que celui qui s'exécute au fléau. Ceci démontre qu'il n'y a aucun avantage à se servir de machines à battre peu perfectionnées. Une des machines anglaises portatives que M. Laurent, rue de Lancry, à Paris, vend 1,800 fr. battrait, dans le même temps que celle dont je viens de parler, 60 à 80 hectolitres de Froment avec quatre chevaux et un nombre d'ouvriers double de celui qui est nécessaire pour la machine précédemment citée. Les machines à poste fixe d'Écosse, qui sont mues par une machine à vapeur de la force de six chevaux, battent, en dix heures, de 120 à 150 hectolitres de Froment; elles coûtent, dans ce pays, de 3,000 à 4,000 fr.

M. du Quesnoy achète, à Saint-Aignan, le plus qu'il peut de vidanges et les paye, toutes chargées dans la charrette, 1 fr. 50 c. les 220 litres, quantité suffisante pour animaliser 2 mètres cubes de marne, qu'il répand, ainsi préparée, dans la proportion de 52 mètres par hectare. Ses terres, généralement froides et assez consistantes, gagnent beaucoup à être ainsi marnées, et les 26 hectolitres de vidange employés à cet usage lui produisent l'effet d'une fumure.

Cet agriculteur a fait des expériences comparatives sur le travail des différents animaux de trait, d'où il résulte qu'une paire de chevaux de ferme est occupée utilement pendant trois cents jours de l'année, tandis qu'une paire de bœufs ne le sera tout au plus que pendant deux cents jours; ces derniers coûtent autant à nourrir et à ferrer que les chevaux, qui font beaucoup plus d'ouvrage.

J'ai vu une étendue de 5 ares garnie de quatre-vingts trous, dans lesquels on avait planté des gros Potirons de Paris. Ils portaient plus de cent vingt fruits énormes que je ne me lassais pas d'admirer. M. du Quesnoy n'avait employé

que **1,000** kilogr. de fumier de porc pour garnir ces quatre-
vingts trous. Il s'occupe de remplacer, pour la distillation ,
les Pommes de terre par des Betteraves, suivant en cela
l'exemple de certains cultivateurs allemands et belges, qui
distillent dans le but d'obtenir des résidus propres à la nourriture d'un grand nombre de bestiaux. Il faut, à la vérité,
une fois plus de Betteraves que de Pommes de terre pour
faire la même quantité d'alcool ; mais, à fumure égale,
1 hectare de terre produira en Betteraves au moins le double de ce qu'il aurait donné de Pommes de terre , lors
même que celles-ci n'auraient pas à souffrir, comme depuis
1845 , d'une maladie qui en diminue, tout à la fois, la
quantité et la qualité. Les Betteraves offrent encore un avantage qui mérite d'être pris en considération, c'est qu'elles
donnent une fois plus de résidus que les Pommes de
terre. M. du Quesnoy ne cultive que la variété de Pomme
de terre appelée shaw ; il en avait **12** hectares qui lui ont
rapporté, cette année, trois cinquièmes de sa récolte habituelle. Les fanes de cette plante s'étaient noircies vers le
milieu d'août, mais les tubercules étaient restés généralement beaux et intacts ; il n'y en a tout au plus que **2** ou
3 pour **100** d'atteints par la maladie, qui cependant avait
sévi, cette année, dans les environs, avec plus d'intensité
que jamais. Il attribue ce bon résultat à la nature de cette
variété, qui n'a jamais gravement souffert de la maladie sur
ses terres, quand les autres espèces qu'il cultivait, il y a
quelques années, en étaient fortement endommagées. On
n'a pas encore de remède efficace contre cette terrible maladie ; néanmoins il paraîtrait que, d'après des essais tentés
en Allemagne, en Angleterre, en France et en Amérique,
on serait arrivé à la prévenir en saupoudrant les fanes de
ce tubercule de chaux délitée en poudre, immédiatement
après la rosée ou une pluie récente. L'époque la plus favorable pour entreprendre avec succès cette opération serait
la quinzaine précédant l'époque présumée de l'invasion de

la maladie. Cette aspersion doit, pour bien faire, se renouveler une seconde fois.

Au moment de ma visite chez **M.** du Quesnoy, il payait les Pommes de terre de **1** franc à **2** francs l'hectolitre, selon leur qualité ; il lui arrivait même d'en payer jusqu'à **3** francs lorsqu'elles étaient bonnes, le haut prix des alcools laissant aux distillateurs des bénéfices suffisants, même pour distiller du grain.

Un habitant de la commune de Saint-Romain m'a dit qu'il avait mis les Pommes de terre de sa récolte qui ne paraissaient pas atteintes de la maladie dans un cellier, en les recouvrant de paille ; et, quelque temps après, il sentit se dégager de ce tas une odeur nauséabonde annonçant que ses Pommes de terre se gâtaient : en effet, elles étaient devenues toutes noires.

Durant ma tournée de quelques jours dans ces cantons, j'ai remarqué, dans les villages environnant cette ville, beaucoup de maisons neuves ou en construction ; j'ai fait, en deux heures, **29** kilomètres, moi troisième dans un léger cabriolet, traîné par un très-petit cheval, âgé de quatorze ans, que l'on avait payé **150** francs deux ans auparavant. Vers la même époque, mon frère avait aussi acheté, pour **100** francs, une fort jolie et très-petite jument pour servir de monture à l'un de ses enfants. Attelée au tilbury, elle le traînait fort vite chargé de deux personnes ; mon frère, qui a **5** pieds **8** pouces, la monta il y a quelque temps et fit, avec elle, **18** lieues dans la même journée.

Le **30** septembre, je suis allé à la Charmoise ; n'ayant pas eu le plaisir d'y rencontrer M. Malingié, je dus me contenter de parcourir ses champs pendant quelques heures. J'ai eu l'occasion d'y admirer ses magnifiques bêtes ovines, entre autres un troupeau de trois cent vingt brebis, parmi lesquelles se trouvaient sept béliers, et d'où l'on venait d'en retirer quatre, la lutte étant presque achevée ; c'est vers la fin de janvier que commence l'agnelage. J'y ai remarqué aussi un troupeau de deux cent vingt agnelles fort belles , et un autre de brebis de réforme, parmi lesquelles se trouvaient les dernières berrychonnes que l'on ait à la Charmoise. Ce n'est que de loin que j'ai pu apercevoir les agneaux à l'engrais, parmi lesquels devait être choisi le lot destiné pour le concours de Poissy.

Quatre·vingts agneaux, conservés pour devenir des béliers, étaient dans un pré au milieu duquel on avait construit un hangar pour que ces animaux pussent s'y retirer à volonté. On a entouré le pré où séjournent ordinairement les béliers, de deux rangs de fossés, séparés par un ados fort élevé formé de la terre extraite de ces fossés. Sur le haut de l'ados, on a planté des poteaux dans une position inclinée au-dessus du fossé extérieur, sur lesquels sont cloués deux rangs de voliges, au-dessus desquels règnent encore deux lignes de fil de fer. Cette sorte de palissade est destinée à empêcher les loups de pénétrer dans l'enclos. Il n'y est entré, jusqu'à présent, que des chiens qui n'ont fait aucun mal, mais cela prouve qu'il peut aussi y entrer des loups. Un élève de la ferme-école séjourne dans ce clos pendant le jour, mais il n'y reste personne pendant la nuit.

J'ai vu une grande étendue de Colzas semés à la volée, et un vaste champ de fort beaux Choux cavaliers et de Choux branchus plantés sur deux rangs, par planches formées chacune par quatre tours de charrue : ils venaient d'être sarclés au moyen de la houe à cheval, ce qui avait mis à découvert du chiffon de laine employé pour fumure. J'aperçus près des bergeries deux énormes tas de ces chiffons ; on avait eu soin de les recouvrir comme des meules, avec des pailles de Colza. Je me suis entretenu avec quatre jeunes gens , élèves de la ferme-école : c'étaient les bergers chargés chacun du soin d'un troupeau ; ils m'ont paru fort sensés et très-dévoués à la profession d'agriculteurs qu'ils ont embrassée. J'ai su, par l'un d'eux, que la moitié des élèves de cet établissement venaient du département du Nord , notamment des environs de Lille ; il m'apprit aussi que l'Empereur avait fait acheter quarante brebis et deux béliers du troupeau de la Charmoise pour Saint-Cloud, où il a placé un élève de cette ferme-école, pour laquelle ce choix est un motif d'encouragement. J'ai encore remarqué un champ de Maïs que l'on venait de couper près de la racine, et dont les tiges, encore garnies de leurs épis, qui n'avaient pas atteint leur complète maturité, avaient été couchées sur terre.

La Vigne de la Charmoise est très-belle et parfaitement tenue; je n'y ai pas vu une seule mauvaise herbe. Elle est disposée en contre-espaliers, éloignés les uns des autres de 1^m,33 ; on y supprime les feuilles qui cachent les grappes. Un vieux vigneron, qui donne toute l'année ses soins à cette plantation, m'a assuré que cette manière de cultiver la Vigne lui fait rapporter plus de vin que l'on en obtient par le mode de culture usité dans le pays.

M. Malingié, administrant à compte à demi la terre de la Ratterie, appartenant à l'un de ses amis, a planté cent mille boutures de Vigne sur sa propriété. Tout près de là se trouvait une grande pépinière, dont les essences dominantes sont le Châtaignier, le Chêne, l'Acacia et le Bouleau : elle est irriguée au moyen d'une rigole formée de trois planches disposées en caniveau, placées sur la partie élevée du terrain, et alimentée par l'eau d'un puits, dont on dirige ensuite l'écoulement entre les lignes de cette pépinière. Cette irrigation est nécessaire à la bonne réussite et à la précocité des jeunes plants, dans un pays aussi sujet à la sécheresse.

Mon frère a vendu pour 700 fr. la superficie de 120 ares plantés, depuis vingt-cinq ans, en Pins maritimes, et il avait tiré environ 300 fr. de leurs éclaircissages.

Une partie de la propriété du château de la Menaudière, commune de Chissay, près Montrichard, est fort bien cultivée par M. de Ferrières; j'ai trouvé que ces terres auraient, en grande partie, besoin d'être drainées, et surtout beaucoup plus fumées. Si M. de Ferrières donnait pour chaque récolte une proportion de 200 kilog. de guano, dépense de 60 fr. par hectare, je suis certain qu'il doublerait ses produits ac-

tuels, et cette augmentation de produits, qui n'augmenterait
que fort peu les frais de culture en sus des 60 fr. de l'engrais
ajouté, vaudrait au moins le double des frais occasionnés par
cette amélioration. Je lui ai vu un très-beau champ planté
de Choux cavaliers. Il a un troupeau d'assez belles vaches
provenant de taureaux ayant un peu de sang durham ; mais
il devrait faire l'acquisition d'un taureau qui eût au moins
trois quarts de ce sang, pour arriver à une véritable amélioration de son bétail : il en trouverait à des prix modérés chez
M. Salvat, près Blois.

M. le comte de Marolles, qui habite son château d'Aigues-
Vives, à 8 kilomètres de Montrichard, s'occupe, avec succès,
d'agriculture ; il avait été visité, cette année, par la commission du comice de Blois, et a remporté le prix de bonne culture sur un certain nombre d'autres fermiers qui avaient
concouru. Il cultive plus de 100 hectares de Bruyères récemment défrichées par lui, et y fait, en employant le noir animal, de très-belles récoltes de grains. On lui avait envoyé de
Bordeaux une espèce de Froment blanc très-beau et venant
d'Angleterre. Cette variété provient, dit-on, de grains trou-
vés dans une momie égyptienne ; mais il n'est pas barbu
comme celui que j'ai rapporté d'Écosse en 1851, et auquel
on attribue la même origine. M. de Marolles a aussi une petite étendue de fort beaux Colzas. Il a ensemencé presque
toutes les anciennes terres de sa propriété en Pins maritimes,
excepté un certain nombre d'hectares de ces terres, dont
il a tiré bon parti en y semant de grands Ajoncs ; il en vend
tous les deux ans la coupe, au prix de 40 fr., à des vignerons qui les emploient comme fumure, en les plaçant au
fond des tranchées destinées à recevoir le jeune plant. On
ignore dans ce pays le mérite principal de cette espèce d'A-
jonc, qui est de fournir, pendant tout l'hiver, en grande
abondance, le meilleur des fourrages en vert, en n'en coupant
que les pousses de l'année. Dans les petites cultures de la
Bretagne et de la basse Normandie, on pile ces pousses à
l'aide d'un maillet fait pour cet usage ; mais, dans les grandes

exploitations rurales d'une partie de l'Angleterre, on se contente de les couper menu au hache-paille, ou bien on les fait écraser sous une meule verticale en pierre, servant également à broyer le plâtre.

M. de Marolles vend aussi pour les vignobles, où l'on s'en sert comme litière, des Bruyères mêlées d'Ajoncs nains qu'il fait couper tous les trois ans, à raison de 5 centimes par tas. Ses meilleures Bruyères lui fournissent, sur une superficie de 60 ares, huit cents tas; mais, en moyenne, elles n'en donnent que six cents, qui, se vendant 10 centimes l'un, donnent un produit net de 30 fr. par coupe pour cette surface, soit 10 fr. par année. Les Bruyères voisines du grand vignoble des bords du Cher rapportant de la sorte plus qu'en les louant aux petits cultivateurs du pays si on les avait défrichées, bien des propriétaires ont pris le parti de semer en Ajoncs nains, mêlés de Bruyère noire, une partie de leurs mauvaises terres. A ce sujet, M. Lemaître, gros propriétaire de vignobles et habitant à Chissay, qui connaît fort bien la culture de la Vigne, me disait qu'il cherchait à acheter de mauvaises terres dans un rayon de 8 à 10 kilomètres de chez lui, afin d'y semer de l'Ajonc nain, dont il avait grand besoin pour améliorer ses Vignes, qu'on ne parvient à rendre très-productives qu'à force de les bien cultiver et surtout de les bien fumer. Il avait, m'a-t-il dit, à Chissay, 16 hectares de Vigne; il en arracha la moitié afin de pouvoir mieux fumer le reste, et il m'a affirmé que les 8 hectares réservés lui produisaient maintenant autant de vin que les 16 moins bien soignés lui en donnaient primitivement, et il a moitié moins de façons à payer. M. Lemaître m'a encore appris que, lorsqu'une Vigne contenait un certain nombre de ceps usés ne donnant presque plus de Raisin, on précédait à leur réforme de la manière suivante : on choisit une année de bonne fleuraison, c'est-à-dire dont le temps favorable à la fleur permet qu'elle ne coule pas; on parcourt alors toute la Vigne accompagné d'un vigneron armé d'une serpe, et à qui l'on fait couper tous les ceps plus ou moins dépourvus de grappes, car ils useraient la terre inutilement : on les fait arracher plus tard pour le bois, à l'époque où les travaux pressent le moins. Il faut bien se garder de remplacer ces vieux ceps par de nouveaux plants, car ils ne viendraient pas bien, et le vide qu'ils ont laissé profite à ceux d'à côté, qui rapportent d'autant plus de Raisin qu'ils ont plus d'espace et d'air pour végéter. A l'appui de son assertion, il m'a conduit dans une partie de la commune pour me faire voir des Vignes, dont les premières ont été plantées, il y a une vingtaine d'années, par un vigneron d'un village voisin, qui doit à sa manière de planter et de traiter la Vigne, ainsi qu'à son économie et son activité, la possession de plus de 40,000 fr. de biens. Ce brave vigneron, dont le nom m'échappe, mais dont je compte bien faire la connaissance lors de mon premier voyage à Chissay, plante ses Vignes de la manière suivante, qui a le mérite d'être moins dispendieuse et de rapporter tout autant, au dire même des gens du pays, que les Vignes complétement garnies de ceps. M. Lemaître, ainsi que M. de Ferrières, que nous rencontrâmes, et qui voulut bien nous accompagner, m'ont assuré que cet homme avait récolté jusqu'à trente pièces de vin sur 1 arpent de 65 ares. Il ne plante ses rangs de Vigne qu'à 10 ou 12 mètres les uns des autres ; dans chaque rangée, les ceps sont à 2 mètres de distance de leurs voisins. Chaque bouture ou *crochet*, comme on dit dans ce pays, est un morceau du cep composé moitié en bois de l'année précédente et moitié en bois de l'année courante. Pour procéder à la plantation, on tire un trait de charrue dans la longueur du champ, et l'on pique dans ce sillon, de 2 mètres en 2 mètres, une de ces boutures ou crochets ; puis, revenant avec la charrue, on ferme le premier sillon par un second trait. On recommence un second rang à 10 mètres ou plus du premier, et l'on continue de la même manière, jusqu'à ce que la plantation soit achevée. Les intervalles de ces rangs de Vigne se cultivent comme d'autres terres, avec cette seule différence que l'on ne peut les labourer en travers ni les faire pâturer par un troupeau.

Lorsque, au bout de trois ans, les ceps commencent à produire, on a le soin, une fois la moisson faite, de labourer et herser le chaume, et on allonge alors les sarments qui étaient couchés le long des pieds de Vigne dans la direction opposée, c'est-à-dire perpendiculairement à la ligne plantée de ceps, et par-dessus la terre que l'on vient de façonner à la charrue. Les sarments doivent être supportés par des bouts d'échalas d'environ 50 centimètres de long, appointis par un bout pour les ficher en terre, et entaillés par le haut de manière à maintenir le sarment juste assez éloigné du sol pour que, dans cette position inclinée, les grappes ne puissent pas toucher le sol, mais afin qu'elles en soient assez rapprochées pour profiter de la chaleur qu'il renvoie.

L'espèce de cépage qu'on emploie pour ce genre de culture se nomme, dans ce pays, le *coo*. Il donne le meilleur vin de ces vignobles, et joint à cet avantage, dans cette circonstance particulière, celui d'exiger une taille très-longue, car cette espèce de Raisin ne vient que sur du vieux bois. Aussi laisse-t-on ses sarments pendant trois ou quatre ans sans les retrancher du cep, temps durant lequel ils allongent jusqu'à 4 ou 5 mètres. Ces sarments, pendant les cultures des intervalles qui séparent les lignes de ceps, ainsi que pendant le temps où les récoltes couvrent ce terrain, restent allongés sur les 2 mètres de largeur qui sont consacrés à chaque rangée de ceps ; cette étendue se façonne à bras.

L'espace considérable qui se trouve entre les ceps, tant dans les lignes qu'entre elles, permet aux racines de s'étendre au loin dans le sous-sol, ce qui fait que ces lignes de ceps, qui n'emploient qu'environ la cinquième partie du sol, produisent autant de vin que cinq fois autant de terrain où les ceps sont placés près les uns des autres, quoique les rangées de Vignes ne soient jamais fumées, tandis que les bons vignerons de ce pays emploient, tous les sept ou huit ans, une énorme quantité de fumier pour rendre leurs Vignes très-productives.

Si l'on voulait adopter la méthode que je viens de décrire

pour planter et cultiver la Vigne, mais avec un autre cépage
que le coo, on serait alors dans la nécessité de la disposer en
contre-espaliers, comme le fait **M.** Malingié, à la Charmoise.
Seulement, au lieu d'espacer les lignes de contre-espaliers à
$1^m,33$, comme il le pratique, et de les cultiver complétement
à la main, on les tiendrait à **10** mètres au moins d'éloignement les unes des autres, et les entre-deux pourraient être
cultivés à la charrue et ensemencés comme d'autres terres,
ainsi que cela se pratique à Bourgueil, dans la vallée de la
Loire, dans la Bresse et d'autres parties de la France.

MM. Lemaître et de Ferrières n'ont pas manqué de suivre l'excellent exemple donné par ce brave vigneron, qui,
du reste, a bien des imitateurs à plusieurs lieues à la ronde.
Quant à **M.** de Ferrières, il m'a dit que, si cela dépendait
de lui, il planterait en Vigne de cette manière toutes les terres
qu'il cultive, tant il trouve la spéculation profitable.

M. Lemaître m'a dit avoir une Vigne plantée en Pineau
blanc, qui lui donnait ordinairement le double du vin produit sur une même étendue de Vignes à vin rouge, et qui est
vendu aussi cher que l'autre. Ce cultivateur ayant prévu la
grande abondance de **1847**, et conséquemment le renché-
rissement des fûts, qui, en effet, se sont élevés, cette année-
là, jusqu'à **16** et même **18** francs, au lieu des prix habituels
de **7** à **8** francs, fit creuser, dans la roche où sont ses caves,
une citerne de la capacité de **120** hectolitres, laquelle ne lui
est revenue qu'à **110** francs. Il a payé, pour la tailler dans la
roche, **6** francs par toise cube, et l'a fait crépir intérieure-
ment avec un ciment composé de chaux hydraulique, de
sable de rivière, de tuiles et de mâchefer pulvérisés. L'intérieur de cette citerne est aussi lisse que si elle était en
marbre.

J'ai parlé de l'emploi du guano à **M.** Lemaître, ainsi qu'à
M. Rance, membre du conseil général de Loir-et-Cher, demeurant à Montrichard, grand propriétaire cultivant aussi
beaucoup de Vignes. J'insistai auprès de ces messieurs pour
qu'ils fissent au moins l'essai d'un engrais qui les mettrait à

même de donner plus de fumures à leurs terres, et les dispenserait de payer 10 francs, et même jusqu'à 15 francs, le mètre cube de fumier fait avec des litières de Bruyère. Je leur citai, à cette occasion, ce que j'avais moi-même entendu dire à Montoire, petite ville de deux mille habitants, de Loir-et-Cher, qu'un particulier de cette ville ayant fait, il y a quelques années, un voyage à Nantes, y avait entendu faire le plus grand éloge des propriétés fertilisantes du guano, et que, ayant pu juger, sur place, des bons effets de cet engrais, il en avait fait venir pour fertiliser ses terres jusqu'alors peu productives, et que la beauté des récoltes venues sur cette fumure avait tellement attiré l'attention des habitants de cette contrée, qu'il avait été expédié à Montoire pour 80,000 fr. de guano en 1850 et 1851. Un de mes cousins, grand propriétaire aux environs de Montoire, m'a dit qu'il en avait été de même en 1852. J'ai donné à ces messieurs l'adresse de la maison Maës, de Nantes: s'ils persistent dans la résolution où je les ai laissés d'essayer du guano, je suis persuadé que cet engrais aura promptement une grande vogue dans le vignoble des bords du Cher, d'abord parce que le fumier est aussi cher que rare, en second lieu parce que les habitants de cette contrée y sont généralement dans l'aisance, et que, une fois éclairés sur la valeur fertilisante du guano, ils auront les moyens nécessaires pour en faire l'acquisition. Les personnes qui, par leur exemple, auront contribué à propager l'emploi d'un engrais aussi utile auront, assurément, rendu à la contrée un service signalé.

J'ai vu, dans la commune de Saint-Georges, près Montrichard, prendre les précautions suivantes pour la plantation de nouvelles Vignes. Dans une terre dont la superficie était sablonneuse jusqu'à 0^m,66 de profondeur, on enlevait environ 0^m,33 de ce sable, que l'on mettait, en grands tas, sur des lignes parallèles entre elles et suivant la longueur de la pièce de terre; puis sur la partie découverte on plantait des boutures de Vigne, qui se trouvaient ainsi plus rapprochées du sous-sol calcaire. Peu à peu, et à mesure que l'on en avait le temps, les tas de sable étaient enlevés et transférés sur des terrains argileux, où leur présence était utile. Mais, si, au contraire, on avait à planter de la Vigne dans des terres froides et humides, les boutures étaient plantées le plus superficiellement possible. Voici maintenant la manière avec laquelle j'ai vu procéder à la fumure des Vignes dans cette contrée : on déchausse tous les ceps à plus de $0^m.22$ de profondeur ; tout le terrain que n'occupent pas les ceps étant ainsi creusé, on y répandait environ vingt hottées de fumier par chaîne carrée contenant 65 centiares. C'est l'étendue dont un homme peut, en une demi-journée, ouvrir les tranchées dans ce terrain sablonneux : il lui faut ensuite le reste de la journée pour y apporter le fumier, si la voiture a pu l'approcher à une distance peu éloignée, ainsi que pour le recouvrir avec la terre extraite de la tranchée, ce qui porte à cent journées d'ouvrier la fumure de 65 ares de Vigne. Maintenant la quantité de fumier nécessaire pour cette fumure de 65 ares coûte 600 francs à celui qui est obligé de l'acheter et ne doit produire d'effet que pendant dix ans dans les terres d'une certaine consistance, et pendant cinq ans seulement dans les sols arénacés, comme celui que je viens de citer pour exemple. Quelle dépense ! Toutefois, une récolte comme celle de cette année, dans laquelle les Vignes bien soignées ont donné de dix à quatorze pièces par arpent de 65 ares, qui se sont vendues de 55 à 60 francs l'une, et même une récolte comme celle de l'année dernière, dont le produit a été un peu plus abondant, mais dont le vin n'a été vendu que de 40 à 45 francs, de pareilles récoltes, dis-je, permettent de faire de notables dépenses pour la culture de la Vigne qui les produit.

J'ai visité, dans les premiers jours de mars 1853, la culture de la sucrerie de Betteraves établie à Bresles, commune située à 12 kilomètres de Clermont, l'une des stations du chemin de fer du Nord. M. Hette, qui, depuis cinq ans, dirigeait ces cultures, est devenu aussi, l'année dernière, le directeur de la fabrique. Il a apporté, dans cette exploitation, des perfectionnements et, dans la culture, des améliorations dont j'ai été frappé, surtout en raison du temps qui s'est écoulé depuis ma dernière visite. Il nourrit trente chevaux, autant de bœufs ou taureaux ; ces animaux sont occupés aux travaux de la culture, à charrier les Betteraves, ainsi que la tourbe ou le charbon pour combustible, enfin les cendres et poussiers de tourbe, que l'on mêle, en grande quantité, à la litière du bétail pour en absorber les urines. Il a , en outre, de soixante à soixante-dix vaches ou bœufs soumis au régime de l'engraissement, consistant en fourrage coupé, dont un dixième, tout au plus, est du foin et le reste de la paille, le tout haché, mélange auquel on incorpore avec soin de la pulpe de Betterave, des tourteaux pulvérisés et des farines, dans des proportions telles, que la nourriture de chaque bête à cornes, tous soins compris, ne revient, pour les vingt-quatre heures, qu'à environ 1 franc. En résultat, M. Hette parvient ordinairement à avoir le fumier pour bénéfice. Les étables sont creusées, sous les bêtes, à une profondeur d'environ $0^m,40$. Lorsque l'on vient les vider, ce qui n'a lieu que quand le creux se trouve rempli par le fumier, on commence par y mettre une couche d'environ 6 centimètres de poussier de tourbe et, en égalisant tous les jours la litière, on a soin de mettre, sur les places humides, de la cendre de tourbe, revenant à 2 francs le mètre cube pris à la tourbière, d'où un attelage de bœufs peut en charrier deux voitures par jour. Chaque espèce de bétail se trouve enregistrée sur un livret remis, à cet effet, au plus intelligent des valets de ce service. Par exemple , celui qui s'occupe des bêtes à l'engrais inscrit sur son livret, où sont disposés, sur des colonnes spéciales, la date de l'entrée de chaque animal, son numéro d'ordre, le prix de son achat et, quand il sort, la date de sa sortie et le prix auquel il a été vendu. Il marque, en outre, sur une autre partie du livret à ce destinée, tout ce qu'il reçoit chaque jour pour la nourriture de la totalité des animaux à l'engrais. Dans l'étable où l'on tient sept à huit vaches laitières, choisies parmi celles qui ont été achetées pour l'engraissement, il existe une tablette en bois peinte en noir, partagée en deux colonnes, sur l'une desquelles on note le nombre de litres de la traite du matin et sur l'autre le nombre de litres fournis par la traite du soir. Voici comment cela se fait : sur le bord, à gauche de la planchette, est tracée une série verticale de numéros d'ordre dont un se rapporte à chaque vache, puis, en travers et en face de chaque numéro d'ordre, une ligne de trous percés dans la planche, représentant chacun 1 litre de lait. Ces trous rangés horizontalement sont tous assez exactement placés les uns au-dessous des autres pour former des lignes verticales en tête desquelles on a peint un chiffre qui en indique l'ordre numérique. Une cheville, suspendue, par une ficelle, à côté de chaque numéro d'ordre, complète cet ingénieux mécanisme. Maintenant supposons que la vache n° 3 ait fourni, le matin, 7 litres de lait, on prend la cheville suspendue, à gauche, auprès du n° 3, on l'enfonce dans le trou répondant au n° 7 du haut de la tablette, colonne du matin, et ainsi pour les autres vaches. Les seaux dans lesquels on fait la traite de chaque vache, ainsi que celui qui sert à emporter le produit de la traite totale, contiennent, à l'intérieur, une échelle graduée servant à déterminer en litres la quantité de lait qui s'y trouve.

On tient, en hiver, environ quinze cents moutons à l'engrais et, en été, environ moitié moins, les pâturages étant plus rares dans cette dernière saison, et l'herbe que l'on fauche est passée au hache-paille pour être donnée en consommation aux bêtes à cornes à l'engrais ; car M. Hette trouve plus de bénéfice à l'employer de cette manière qu'à la faire pâturer par les moutons. Ce qu'il y a de plus remarquable dans cet établissement et qui mérite, assurément, d'être visité par tous les cultivateurs sérieusement adonnés aux perfectionnements de l'agriculture, c'est la porcherie : il s'y trouvait, lors de ma tournée, dix-sept truies, dont une partie de la grande variété normande ; mais elles sont réformées à mesure que l'on se procure des truies des races hampshire et new-leicester : cette dernière race est aussi connue sous la dénomination de *yorkshire perfectionnée*. On préfère ici cette dernière race par la raison qu'elle est blanche et qu'elle se vend plus avantageusement, aux environs de Paris, que les cochons plus ou moins teintés de noir. D'ailleurs c'est une des deux espèces les plus estimées en Angleterre; l'autre est celle des essex-napolitains; mais, comme celle-ci est noire, elle convient moins dans les pays où il existe un préjugé contre cette couleur; aussi compte-t-on ne plus élever, par la suite, à la sucrerie de Bresles, que des verrats et des truies new-leicesters.

Au nombre des améliorations réalisées par M. Hette, depuis qu'il est directeur de la sucrerie, j'en ai remarqué une très-importante; c'est l'utilisation d'une grande quantité de chaleur et de vapeur perdues jusqu'alors. Une partie de la vapeur économisée est appliquée à la cuisson des aliments destinés à la porcherie. Cinq cuves en bois, cerclées en fer et fermées hermétiquement, sont placées sous un hangar construit le long d'une des basses-gouttes de la sucrerie; au-dessus de chacune d'elles sont adaptés deux robinets : l'un fournit la vapeur sortant des étuves de la sucrerie, laquelle circule dans la cuve au moyen d'un serpentin de $0^m,06$ à $0^m,08$ de diamètre fixé au fond; l'autre robinet donne de l'eau venant d'un réservoir supérieur. La première sert à blanchir les os des chevaux que l'on abat tous les jours, au nombre de deux, au moins, et souvent de quatre, dont la chair est employée à la nourriture des cochons; ces os pèsent, en moyenne, après avoir subi l'ébullition, environ 46 kilogram., ils sont destinés à faire du noir animal et valent, pour cet usage, 8 francs les 100 kilogr. Les os une fois retirés de la cuve, il y reste environ 3 hectolitres d'un bouillon très-gras, que l'on allonge avec de l'eau pour nourrir les petits cochons récemment sevrés, et même les portées de dix à douze jeunes quand ils ont atteint l'âge d'un mois, époque à laquelle le lait de la mère ne leur suffit plus. Le prix moyen des chevaux livrés à l'équarrissement, comme moyenne de toute l'année, est de 12 francs. La peau se vend

7 fr. 50 cent.; les crins, les sabots, les fers et leurs clous sont estimés ensemble 20 centimes. La chair d'un cheval est d'un poids moyen de 180 kilogr. et peut valoir 10 cent. le kilo ; sa graisse pèse ordinairement 4 kilogr. : celle d'un âne ou d'un mulet peut arriver jusqu'à 10 kilogr. On fait fondre cette graisse, à laquelle on incorpore une certaine quantité de saindoux, du savon et du carbure de fer (improprement appelé *mine de plomb*), et ce composé sert à graisser les roues des voitures, ainsi que les rouages et autres pièces de mécanique dont on veut adoucir les frottements. Un homme peut tuer et dépecer quatre chevaux dans sa journée qui lui est payée 1 fr. 50 cent. L'abattoir, placé sous un hangar, est tenu fort proprement ; il est carrelé de manière à ce que le sang qui s'échappe puisse s'écouler dans une citerne, pour être converti en engrais liquide : quant à celui que l'on recueille, il est mêlé au bouillon d'os. Autour du hangar sont fixés des crochets auxquels on suspend les chairs préalablement coupées en tranches longues et peu épaisses, précaution nécessaire pour qu'elles cuisent plus facilement. Les peaux sont passées, en été, à une eau de chaux qui en favorise la conservation pendant une huitaine de jours ; elles sont pliées et rangées sur des planches afin d'être enlevées ensemble. L'autre partie du hangar est occupée par des tonneaux défoncés servant à mettre en fermentation, pendant quarante-huit ou soixante-douze heures, la nourriture des cochons après qu'on l'a fait cuire ; elle contient aussi une écurie destinée aux pauvres bêtes qui doivent être abattues. Les quatre autres cuves, dont il me reste à parler, reçoivent à peu près le quart de leur contenu de chair ou de boyaux bien lavés, sur quoi l'on met, en hiver, des Betteraves ou autres racines coupées ainsi que de la pulpe, résidu de la fabrique, et, en été seulement, des fourrages verts, divisés au hache-paille, et mélangés de tourteaux, de farines et de sel, selon l'espèce de porcs auxquels on destine le contenu de la cuve.

Ce n'est que peu à peu que l'on est parvenu à trouver la

composition la plus convenable à la nourriture des cochons.
Dans les premiers six mois de cette spéculation, on perdit
500 francs sur la porcherie, pour avoir laissé dévorer à ces
animaux des chevaux écorchés, ce qui leur avait occasionné
des maladies ; on fit ensuite cuire les chairs sans y ajouter
assez de racines, ce qui n'a pas réussi non plus ; ensuite on
augmenta la dose de racines et de farines : ces animaux s'en
trouvèrent mieux, mais ils remuaient toujours beaucoup et
manifestaient de l'inquiétude au lieu de dormir ; ce n'est
que depuis que l'on ajoute une certaine quantité de tourteaux à leur nourriture qu'ils réussissent à souhait. Il y avait,
en ce moment, une centaine de ces animaux à l'engrais ; on
les y met dès l'âge de trois mois. Les cochons de race anglaise
sont vendus à l'âge de sept mois ; les anglo-normands, quand
ils ont atteint huit à dix mois ; enfin les cochons normands
et ceux de la race du pays ne sont bons que vers dix à douze
mois. Cette belle porcherie présentera, pour cette année, un
bénéfice net de plusieurs mille francs.

M. Hette a des terres tourbeuses dont on ne tirait aucun
parti, le Froment n'y venant pas, et les Betteraves qui y
croissent bien ne contenant presque pas de principe sucré.
Il prit le parti d'y mettre des fourrages à couper en vert, tels
que Seigle, Seigle mêlé d'Orge d'hiver, Orge d'hiver pure,
Trèfle incarnat, Vesces d'hiver mêlées de Seigle ou d'Orge,
Trèfle commun, etc. Maintenant, dès que l'on a fauché et
enlevé ces fourrages, on y fait passer le troupeau, puis on
laboure et ensuite on sème des Carottes, des Betteraves, des
Pommes de terre, des Rutabagas et des Navets, ou bien des
fourrages mélangés composés d'Avoine, Vesces, Sarrasin de
Tartarie, Spergule, Millet et Maïs ; ces doubles produits, se
succédant ainsi, ont une immense valeur pour la nourriture
de son nombreux bétail.

La comptabilité, tant de la sucrerie que de l'exploitation
rurale, est admirablement tenue en partie double, et avec
une grande exactitude, par un employé spécial. On a eu soin
d'ouvrir des comptes particuliers à chaque espèce d'animaux,

afin de pouvoir suivre avec certitude le prix de revient de leurs fumiers et de leur travail. Il est résulté, jusqu'à présent, de ces documents que l'engraissement des vaches a été plus avantageux que celui des moutons.

Il y a, dans ce vaste établissement, une ancienne machine à battre bien imparfaite, dont le manége, lorsqu'on ne bat pas, peut servir, en y attelant deux des moins mauvais chevaux achetés pour être abattus, à mettre en mouvement toutes les machines suivantes : le hache-paille, le coupe-racine, le concasseur d'Avoine, un broyeur pour réduire en farine les grains inférieurs, un laveur de racines comme celui de la sucrerie, enfin un brise-tourteau, qui les réduit en farine. Il sert aussi pour broyer les os calcinés dont on fait le noir animal, et à écraser le plâtre comme il convient, pour répandre sur les prairies artificielles. Lorsque l'on ne veut faire fonctionner que la moitié de ces petites machines, un cheval suffit. On emploie pour les cultures un certain nombre d'excellents instruments aratoires : ce sont des charrues américaines, un grand rouleau crosskill, des houes à cheval Decrombecque, dont une, attelée d'un cheval et dirigée par un seul homme, sarcle à la fois trois lignes de Betteraves ; un semoir écossais perfectionné par M. Claes, de Lembeck, des tombereaux auxquels on n'attelle qu'un seul bœuf ; enfin des chariots à quatre bœufs, dont le contenu en Betteraves peut se décharger d'un seul coup en lâchant une chaîne qui en soutient le fond mobile. Le semoir que l'on emploie permet de faire une bonne semaille avec 150 litres de Froment par hectare.

Les volailles sont en grand nombre dans la basse-cour, et nourries principalement de chair de cheval cuite. La basse-cour contient, en outre, une lapinerie très-bien montée ; mais elle est d'une création trop nouvelle pour qu'il soit possible d'en apprécier encore les résultats. M. Hette pousse la prévoyance jusqu'à cultiver les plantes les plus utiles pour les maladies du bétail. Les *mangeoires* de toutes ses écuries et des étables sont garnies de baguettes clouées dessus à 0^m,50 de distance les unes des autres, pour empêcher les animaux, les chevaux surtout, de jeter au dehors la nourriture hachée qu'on leur donne.

Voici quelques-uns des prix de façons et autres travaux de culture sur cette exploitation. Les trois sarclages des Betteraves, dépressage compris, coûtent 50 francs à M. Hette, lorsqu'il donne cette besogne à la tâche. L'arrachage et le chargement sur les voitures lui coûtent 20 francs. Lorsque les sarclages se font à la journée et sans employer la houe à cheval, il faut bien ajouter une dizaine de francs en plus; mais, si l'on donne les façons à la houe à cheval, cela coûte beaucoup moins. La nourriture des chevaux revenait, au moment de ma visite, à 1 fr. 55 c.; elle se composait de 5 kilog. de foin, 1 kilog. de paille, le tout haché; de 6 kil. d'Avoine, 13 kilog. de Carottes et 3 kilog. et demi de litière, le tout revenant à 1 fr. 55 c. La nourriture des bœufs de travail était estimée 1 fr., se composant de 4 kilog. de foin, autant de paille hachée mouillée, 17 kilog. de pulpe de Betterave, 1 kilog. de farine d'Orge et 2 kilog. tourteau de Colza, et enfin 1 kilog. et demi de paille pour litière. Celle des vaches à l'engrais revenait à 80 c. : elle consistait en foin coupé, 2 kilog.; paille hachée, 2 kilog. et demi; paille pour litière, 2 kilog. et demi; pulpe de Betteraves, 21 kilog.; farine d'Orge, 1 kilog. et demi; tourteau de Colza, 2 kilog. Les soins, le logement et l'intérêt sont compris dans les 80 centimes. La nourriture des truies pleines et allaitant, y compris ce que consommaient les petits, était estimée 25 centimes. Enfin l'on évaluait à 15 centimes, en moyenne, celle de chacun des deux cent quarante-huit cochons que l'on engraissait à partir de l'âge de trois mois jusqu'à celui de sept à dix mois, époque où ils sont vendus gras. On la préparait avec les matières et dans les proportions suivantes : farine d'Orge, 266 grammes; pulpe, 697 gr.; tourteaux, 406 gr.; viande de cheval, 95 gr.; Betteraves, 580 gr.; paille pour litière, 390 gr.: en tout, 2 kil. 374 gr.

On voit, par l'exactitude avec laquelle M. Hette enregistre

toutes ces données, jusqu'à quel degré il pousse l'ordre et l'économie, si nécessaires pour réussir dans les grandes entreprises de l'agriculture.

Depuis que j'ai rendu compte, dans ce travail, du résultat de mes observations à l'occasion des défrichements auxquels se livrait M. Lhomme sur 157 hectares de Bruyères qu'il a achetées, conjointement avec deux de ses amis, près d'Écueille (Indre), cet estimable cultivateur est venu me voir, et je prie les personnes qui me liront de se reporter à ce que j'ai déjà dit plus haut de ses intéressantes cultures ; les renseignements que M. Lhomme a bien voulu me communiquer, dans sa dernière visite, me paraissent devoir être ajoutés à la fin de cette relation.

Il a, comme tous les cultivateurs éclairés, tenu note du travail fait sur son exploitation dans un temps donné, du nombre d'hommes et d'animaux nécessaire, des instruments le plus utilement employés, et de la dépense qu'il est si important de connaître ; enfin il compare, en définitive, les produits. Voici le résultat de ses travaux sur un hectare de défrichement de Bruyères.

Deux hommes, avec une charrue Dombasle renforcée, attelée de six bœufs, mettent quatre jours à retourner 1 hectare de Bruyères ; les coups de rouleau pesant et les hersages exigeant un cinquième jour, M. Lhomme estime le tout à. . . . . 50 fr.

Il fait ensuite ensemencer en Seigle ou en Avoine, auxquels il mêle 4 hectolitres de noir lui revenant maintenant à 13 fr. l'hectol., soit. . . 52

Les 2 hectol. de Seigle, si c'est du Seigle qui sert à la semence, à 14 fr. l'un. 28

Ensuite il fait piocher bien menu, par un ouvrier, chaque huitième tranche du labour ; un second ouvrier, suivant le premier, prend le gazon pioché et le jette sur le terrain ense-

À REPORTER. . . . 130

REPORT   130

mencé. Un troisième ouvrier creuse encore le sous-sol de cette rigole ; le second vient ensuite jeter aussi cette terre divisée sur la semence. Le terrain se trouve ainsi partagé en planches larges d'environ 2 mètres, bordées de rigoles servant à l'écoulement des eaux pluviales qui, sans cela, noieraient les récoltes. Ce travail constitue une dépense de   60

Il fait faire sa moisson et le battage au septième grain, soit pour les deux opérations.   36

TOTAL de la dépense. . .   226 fr.

Le produit en Seigle ayant été de **21** hectol., la moisson et le battage déduits, il en reste à vendre **18** hectol., qui, à raison de **12** fr. l'un, produiront. . . . . . .   **216 fr.**

L'Avoine d'hiver a rendu **45** hectol. du poids de **50** kilog., qui, vendus chez lui à **6** fr., donnent **270** fr., dont il convient de distraire **30** fr. pour moisson et battage. Il restera en produit net. . . . .   **240 fr.**

La paille, portée pour mémoire à raison de **20** fr. pour **2,000** kilog., permettrait d'ajouter encore **40** fr. à ce total ; mais la paille de Seigle trouvera son emploi pour la couverture des bâtiments et la litière du bétail : la paille d'Avoine, jointe à des tourteaux, servira comme fourrage.

M. Lhomme sème, en seconde récolte, du Froment et du Colza, avec **4** hectol. de noir par hectare ; le Colza sera désormais repiqué au plantoir, en lignes espacées entre elles de $0^m,40$ et à $0^m,20$ dans les lignes. Dans les années qui suivent celle du défrichement, il donne à la terre deux labours. La troisième récolte se compose de Vesces d'hiver mêlées de Seigle et d'Avoine. Le tout forme un fourrage qui passe sous le hache-paille avant d'être donné au bétail. La quatrième récolte est un Froment avec une demi-fumure de noir et une demi-fumure d'engrais de bestiaux, ou **200** kilog. de guano. Il se propose d'essayer le Raygrass d'Italie, qui réussit très-bien dans une situation analogue à celle de son exploitation, chez **M. Moll**, près de Châtellerault ; il doit essayer aussi les Rutabagas, les Navets et les Choux à vaches. Le jardin, qui, il y a deux ans, était une Bruyère, lui a donné, cette année, de superbes légumes, entre autres d'énormes Choux-fleurs et des Oignons très-beaux ; le sol de ce jardin a été défoncé à $0^m,66$, drainé et fortement fumé. La cinquième année, les terres défrichées recevront un chaulage.

Les étables ont été construites en pisé par les maçons du pays, à raison de 4 fr. le mètre carré ; ce prix est un peu plus élevé que celui qu'on paye dans le Lyonnais. La principale économie résultant des constructions en pisé, comparées aux constructions en moellons, résulte surtout de la suppression des frais de transport des pierres et de l'emploi d'une moindre quantité de chaux.

FIN.

TABLE DES MATIÈRES.

Pages.

www.ingramcontent.com/pod-product-compliance
Ingram Content Group UK Ltd.
Pitfield, Milton Keynes, MK11 3LW, UK
UKHW021630170726
13836UKWH00005B/2140